AF391386

sols caillouteux

et

production végétale

Raymond Gras

INSTITUT NATIONAL DE LA RECHERCHE AGRONOMIQUE
147, rue de l'Université - 75007 Paris

Mieux comprendre

© Quae, 2024
ISBN (papier) : 978-2-7592-3981-8
ISBN (PDF) : 978-2-7592-3982-5
ISBN (epub) : 978-2-7592-3983-2
ISSN : 1777-4624

Introduction

Les sols dépourvus de cailloux sont recherchés pour la production agricole, parce que les opérations culturales y sont plus faciles : travail du sol, préparation du lit de semence, récolte, notamment des tubercules et des racines, etc. Pour toutes ces raisons et aussi à cause de plus grandes facilités d'étude, les recherches ont concerné essentiellement les sols sans éléments grossiers. Cependant, en proportion importante les sols du globe sont caillouteux et une partie des surfaces correspondantes est utilisée pour la production végétale. Les recherches sur ces sols ont souvent transposé à leur fraction non caillouteuse, ce qui était fait pour les sols sans cailloux. Ceci eut été parfaitement licite, si on n'avait pas omis délibérement dans certaines études les cailloux eux-mêmes qui ne sont pas toujours aussi inertes qu'on le pense et surtout les conséquences qu'ils peuvent avoir sur les propriétés du sol en place dont ils sont un des constituants. C'est pourquoi une mise au point sur l'état actuel des connaissances concernant le sol caillouteux *considéré comme un tout*, était nécessaire. L'analyse des effets possibles des cailloux qu'on a tenté de réaliser n'est pas complète, parce que certains points n'ont fait l'objet d'aucune étude pour les raisons déjà évoquées.

Un sol caillouteux est constitué de deux phases, la terre fine et les éléments grossiers, séparées par la limite dimensionnelle de 2 mm communément admise ; ces deux phases peuvent être considérées comme homogènes à un niveau d'analyse approprié. A un niveau d'analyse plus approfondi, la terre fine peut être scindée en trois phases, solide, liquide et gazeuse, les deux fluides occupant les vides laissés par la matière solide. La proportion de liquide et de gaz dans la porosité peut varier au cours du temps.

Les cailloux sont souvent dépourvus de porosité. C'est le cas par exemple des roches éruptives non altérées (granite, basalte,..) et de certaines roches sédimentaires. Les propriétés physiques de ces cailloux ne se modifient donc pas dans le temps, du moins sur des intervalles pas trop longs pour que l'altération n'intervienne pas de façon appréciable. Il en résulte que les modifications provoquées par ces cailloux dans un sol en place (propriétés thermiques par exemple) ne varient pas dans le temps.

D'autres éléments sont poreux, comme certains grès ou des roches qui, normalement non poreuses, peuvent le devenir à la suite de l'altération. Le matériau qui en résulte a des propriétés intermédiaires entre celles de la roche mère et celles du sol qui en est issu. Le cailloux est, à l'instar de la terre fine, constitué aussi de phases solide, liquide et gazeuse. Le sol comprend encore deux composants mais les propriétés de chacun d'entre eux ne sont pas constantes. Le sol devient un système particulièrement complexe, puisque les propriétés physiques des cailloux ne sont pas invariantes. Par exemple, des cailloux poreux n'ont pas la même capacité calorifique selon qu'ils sont secs ou humides. Ceci retentira sur la capacité calorifique du sol en place qui dépend aussi de celle de la terre fine, elle-même sujette à variation.

On peut maintenant énumérer les principaux éléments qui interviennent sur les propriétés d'un sol caillouteux en place :
– proportion relative de terre fine et de cailloux,
– propriétés de la terre fine,
– propriétés des cailloux et notamment existence éventuelle d'une porosité,
– actions (et interactions éventuelles) des propriétés des cailloux et de la terre sur les propriétés du sol en place.

Nous allons esquisser maintenant les grandes lignes de cet ouvrage. Avant toute chose, il faut préciser l'importance de l'effet global des cailloux sur la production végétale, c'est pourquoi les rares données disponibles sur ce sujet ont été rassemblées. La caractérisation des sols caillouteux sera ensuite traitée : teneurs en cailloux (massique, volumique), mesures correspondantes et leur précision – diverses masses volumiques – description *in situ* et au laboratoire.

Les conséquences des cailloux sur les cultures peuvent être directes ou indirectes. Par effets directs nous désignons tout ce qui relève du contact entre les cailloux et les pièces travaillantes des instruments aratoires et entre les cailloux et la plante (lésions, modifications de la morphologie de certains organes...). Nous placerons aussi dans les effets directs la dilution de la terre fine qui tombe facilement sous le sens.

Les effets sont dits indirects lorsqu'ils interviennent sur la culture par l'intermédiaire des modifications apportées au sol lui-même par les cailloux. Par exemple, des changements dans les propriétés thermiques du sol ont un effet sur la croissance de la plante par le biais de la température du sol. Ceci nous conduit à analyser successivement les modifications provoquées par les cailloux sur la structure de la terre fine, sa température et enfin la rétention d'eau et sa dynamique.

Contrairement à certaines classifications, désignant par cailloux seulement les éléments grossiers correspondant à un intervalle de dimensions, nous appellerons indistinctement caillou ou pierre ou élément grossier, tout fragment non terreux de dimension supérieure à 2 mm, pour faciliter l'expression. Enfin, l'analyse qui suit peut être transposée à tous les éléments grossiers du sol et notamment à ceux issus de sa pédogénèse (concrétions, fragments d'alios, etc.) et éventuellement à tout milieu poreux contenant des inclusions dont les propriétés sont différentes de celles du milieu lui-même.

Nous remercions les chercheurs de la Station de Science du sol de Montpellier qui nous ont suggéré des améliorations, et en particulier Monsieur CALLOT, qui a bien voulu de plus lire le manuscrit.

Nous ne saurions oublier les secrétaires de la Station d'Agronomie d'Antibes qui dans des circonstances difficiles ont dactylographié ce texte souvent ingrat.

Table des matières

Incidences des cailloux sur la production végétale

Influence globale des cailloux sur la production végétale

Les effets directs négatifs des cailloux sur la réalisation de la culture (travail du sol, lésions de plantes) donnent à penser que les conséquences de la présence de cailloux dans un sol sur la production végétale elle-même sont toujours néfastes. Cette façon de voir néglige les effets indirects éventuellement positifs et de ce fait l'effet global des pierres sur les cultures peut être positif ou négatif comme nous allons le voir.

Pour préciser l'influence globale des éléments grossiers sur la production, on est généralement tributaire d'études faites *in situ*. Les données les plus nombreuses comparent les productions obtenues pour une culture sur un sol caillouteux et sur un sol de référence non caillouteux. Choisir un tel sol est délicat, car il devrait être situé dans le même milieu physique, avoir les mêmes caractéristiques pour la terre fine, la matière organique... afin que la comparaison soit homologue. Dans ces conditions, on conçoit que peu de comparaisons soient réellement valables de tous ces points de vue.

HIDLEBAUGH (1984), utilisant les données disponibles dans les documents du Département de l'Agriculture des Etats-Unis et de son Service de conservation des sols, a comparé, dans de bonnes conditions, des sols contenant des pierres à des sols qui en étaient dépourvus, pour la production de cultures annuelles, de prairies et d'arbres forestiers (tabl. 1).

Tableau 1 – Influence de fragments de roche sur la production. Effectif des cultures (HILDEBAUGH, 1984).

	Diminution de rendement	Pas d'effet	Augmentation de rendement
cultures annuelles	16	9	1
pâturages	8	12	0
arbres forestiers	0	30	4

On constate que la présence de pierres peut abaisser le rendement, ne pas l'influencer ou le relever, avec toutefois une différence marquée suivant les cultures. Pour les arbres forestiers, il n'y a pas d'effet négatif, ce qui n'est pas le cas pour les pâturages et surtout pour les cultures annuelles. Il est vraisemblable que pour celles-ci, la présence de cailloux gêne l'installation de la culture et provoque des lésions sur la plante. Du fait de leur pérennité, les plantes prairiales ont plus de temps pour surmonter ces inconvénients.

En dehors des travaux de HIDLEBAUGH, il existe quelques comparaisons, certainement de moindre qualité pour ce qui est de leur homologie. Elles proviennent de travaux de ASHBY *et al.* (1982), BOUGLER *et al.* (1965), GRAS (1962), LARSEN (1930), LUTZ et CHANDLER (1946), MAGDUF *et al.* (1971), PEARSON et MARSH (1935). Une mention particulière doit être attribuée aux travaux de SAINI (1970) : il a installé, sur trois sortes de sols dont les teneurs en cailloux varient de 4 à 9 % en volume, des essais simples comprenant une parcelle témoin (sol à l'état naturel) et une parcelle contiguë dont tous les cailloux plus grands que 2,5 cm sont enlevés de la couche labourée. Les teneurs massiques extrêmes seraient de 8 et 17 % avec des masses volumiques de 2,7 kg · dm^{-3} pour les cailloux et 1,3 kg · dm^{-3} pour la terre. En deux ans, la production de pomme de terre passe de 28 025 kg/ha pour le témoin à 25 260 kg/ha pour la parcelle épierrée, la diminution de rendement étant de 9,8 % par rapport au témoin. En ajoutant ces résultats à ceux de HIDLEBAUGH, on obtient le tableau 2.

Tableau 2 – Influence de fragments de roche sur la production. Ensemble des données disponibles. Effectif des cultures.

	Diminution de rendement	Pas d'effet	Augmentation de rendement
cultures annuelles	17	9	5*
pâturages	8	13	2
arbres fruitiers et forestiers	2	30	14

* les 3 localisations des essais de SAINI (1970) sont prises en compte.

Les tendances indiquées dans le tableau 1 ne sont guère modifiées, en grande partie à cause du petit nombre de comparaisons ajoutées à celles de HIDLEBAUGH. Les résultats précédents sont à considérer avec prudence à cause des difficultés déjà soulignées pour obtenir des termes de comparaison strictement homologues. Cependant, on peut formuler cette conclusion à minima : les cailloux n'ont pas toujours une influence défavorable sur les cultures annuelles, les prairies, les arbres fruitiers et forestiers ; c'est dans cette dernière catégorie que les effets négatifs sont les moins fréquents.

Dans le même ordre d'idée, on dispose d'une comparaison entre une teneur en éléments grossiers faible (ou nulle) et une teneur moyenne : augmentation de production de soja et de maïs sur sol de terril de mine non fertilisé, lorsque la quantité de cailloux croît – invariance sur sol fertilisé (ASHBY *et al.*, 1984). Lorsqu'on compare des teneurs moyennes et élevées en cailloux, il y a diminution de production pour les teneurs élevées : maïs (NIELSEN *et al.*, 1980), pêchers non irrigués (DEFFONTAINES et GRAS, 1968).

Les comparaisons entre deux teneurs moyennes en cailloux différentes donnent ces résultats :
- maïs (ASHBY *et al.*, 1984) : diminution de production dans un site lorsque la teneur volumique en cailloux passe de 38 à 52 %, augmentation dans un autre site lorsque la teneur passe de 37 à 41 % ;
- arbres forestiers (PHILO *et al.*, 1982) : amélioration de croissance lorsque la teneur en cailloux passe de de 36 à 44 %, avec cependant un sous-solage lorsqu'il y a 44 % de cailloux.

Dans quelques situations, on ne décèle pas d'effets des pierres, malgré une gamme assez étendue de variation de leur quantité : pêcher irrigué (DEFFONTAINES et GRAS, 1968), cerisier (BOUGLER *et al.*, 1965). SMITH *et al.* (1976) signalent que la productivité n'est pas sérieusement réduite dans des sols issus de terrils de mine avec des teneurs massiques en cailloux de 75 %.

Les résultats les plus intéressants sont ceux qui permettent de relier la production de la culture à la teneur en cailloux mais ils sont très peu nombreux. Pour la pomme de terre, des résultats sans ambiguïté sont fournis par un autre essai réalisé au champ par SAINI et Mc LEAN (1967). Ils comparent dans un dispositif statistique (3 répétitions) 4 teneurs en cailloux de diamètre supérieur à 2,5 cm. La production sur 3 ans augmente significativement lorsque la teneur volumique en cailloux passe de 0 à 12 %, puis diminue lorsque cette teneur passe à 24 %, le rendement correspondant étant cependant supérieur à ceux des teneurs 0 et 6 % (fig. 1 a). L'analyse statistique montre que la relation production-teneur en cailloux est curviligne (composante quadratique) mais une tendance générale croissante (composante linéaire) existe. La quantité d'éléments grossiers n'a pas d'influence sur la proportion commercialisable de la production totale, ni sur la masse volumique des tubercules.

Pour des pommiers irrigués, MAGIER et RAVINA (1984) constatent un effet positif des pierres, jusqu'à une teneur volumique de l'ordre de 30 %, ensuite il y aurait un effet négatif (fig. 1 b).

On constate donc que la quantité de cailloux peut jouer un grand rôle sur la production, mais le fait important est que du moins pour certaines situations, l'effet global des cailloux se traduit par une courbe à maximum. En d'autres termes, les éléments grossiers auraient globalement une influence positive jusqu'à un certain seuil, au-delà de celui-ci, cette influence serait négative entraînant évidemment à la limite une production nulle pour une teneur volumique de 100 %. L'existence de ce maximum suppose l'intervention d'au-moins deux mécanismes agissant en sens inverse, l'un ayant une action positive tendant vers une limite (fig. 2).

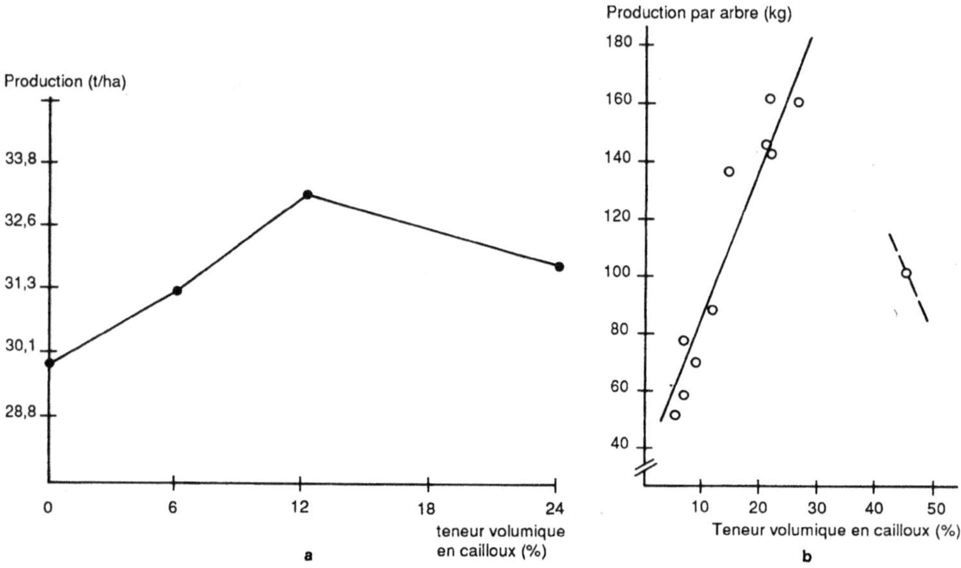

Figure 1 – Influence de la teneur volumique en cailloux sur la production. Pomme de terre (a) (SAINI et Mc LEAN, 1967). Pomme (b) (MAGIER et RAVINA, 1984).

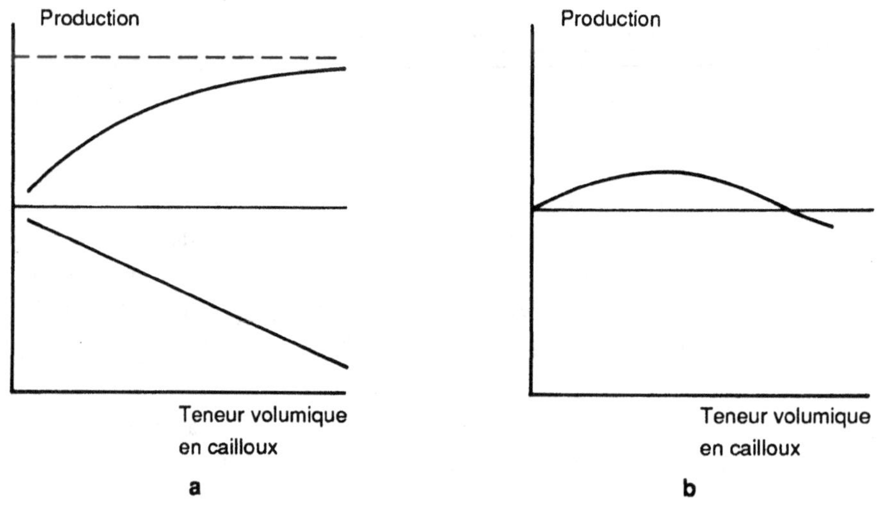

Figure 2 – Existence d'un optimum de production dans le cas théorique de deux variables dépendant de la teneur volumique en cailloux et ayant des effets inverses. a : effet de chacune des variables sur la production (valeur de référence production sans cailloux), b : effet résultant des 2 actions précédentes.

En anticipant sur ce qu'on verra par la suite, un effet linéaire négatif pourrait être celui de la dilution de la terre fine par les cailloux et un effet positif avec limite, l'action de cailloux sur la structure de la terre fine.

Soulignons aussi que des cultures fournissant une production de qualité poussent sur des sols caillouteux. C'est le cas par exemple des terres de Groie qui portent à côté de cultures à rendement élevé les vignobles de Cognac. Citons aussi les terrasses de la vallée du Rhône pour les vergers et les vignobles de Côtes du Rhône, les sols de Graves pour des vignobles de Bordeaux. En Provence les plantes à parfum poussent souvent sur des sols caillouteux. Actuellement on n'est pas en mesure de préciser la part des éléments grossiers dans l'élaboration de la qualité.

Enfin, signalons que par ailleurs, une influence positive des éléments grossiers sur la précocité d'une culture est citée par HALL (1947).

L'action des cailloux sur la production végétale peut provenir de modifications de plusieurs caractéristiques du sol dont la résultante est selon les situations un effet global nul, positif ou négatif. Pour interpréter ces résultats très différents, il importe donc d'examiner toutes les conséquences que les cailloux peuvent avoir sur les propriétés du sol.

Caractérisation des sols caillouteux

1.

Description d'un sol caillouteux

Description quantitative

Un sol caillouteux se caractérise d'abord par la quantité de pierres qu'il contient, déterminée sur une base massique ou volumique. Ensuite, on peut définir les masses volumiques (apparentes et réelles) du sol en place. Enfin, le sol est partitionné en terre fine et en cailloux pour obtenir les masses volumiques partielles propres à ces phases, notions spécifiques aux sols caillouteux. On peut de même définir les porosités de l'ensemble du sol, de la terre fine et des éléments grossiers. Les relations entre les paramètres caractérisant le sol sont utiles pour calculer certains d'entre eux à partir de ceux dont les valeurs sont disponibles.

Teneurs massique et volumique en cailloux

A un volume apparent donné de sol en place v_s correspondent un volume v_t de terre fine et un volume v_c de pierres. La teneur volumique en cailloux se définit par le rapport $C_v = \dfrac{v_c}{v_s} = \dfrac{v_c}{v_c + v_t}$. Si on veut exprimer cette teneur en % de la terre totale, on multiplie le rapport par 100. De même, une masse donnée μ_s de sol en place est la somme d'une masse de terre fine μ_t et d'une masse de cailloux μ_c et la teneur massique est le rapport $C_m = \dfrac{\mu_c}{\mu_s} = \dfrac{\mu_c}{\mu_c + \mu_t}$.

Les teneur volumique et massique de terre fine sont complémentaires des teneurs correspondantes en pierres et ont respectivement pour valeurs $1 - C_v$ et $1 - C_m$.

Relation entre la teneur massique et la teneur volumique. Dans l'expression de la teneur volumique $C_v = \dfrac{v_c}{v_c + v_t}$, remplaçons les volumes par leurs expressions en fonction des masses, en utilisant les masses volumiques apparentes des cailloux M_c et de la terre fine M_t ;

$$\mu_c = v_c\, M_c \ \text{et}\ \mu_t = v_t\, M_t \ \text{on a}\ C_v = \frac{\dfrac{\mu_c}{M_c}}{\dfrac{\mu_c}{M_c} + \dfrac{\mu_t}{M_t}}.$$

En considérant une masse de sol égale à l'unité, on obtient :

$$\mu_c = C_m \ \text{et}\ \mu_t = 1 - C_m,\ \text{d'où}\ C_v = \frac{C_m \cdot M_t}{C_m\,(M_t - M_c) + M_c}.$$

Pour passer d'une teneur massique à la teneur volumique correspondante, il est nécessaire de connaître les masses volumiques apparentes des éléments grossiers et de la terre fine.

On peut, à partir de l'expression précédente, calculer C_m en fonction de C_v, ce qui donne $C_m = \dfrac{C_v \cdot M_c}{C_v\,(M_c - M_t) + M_t}$. Les teneurs massiques et volumiques sont reliées par une fonction homographique, de la forme $y = \dfrac{Ax}{Bx + C}$. Si $y = C_v$ et $x = C_m$; $A = M_t$, $B = M_t - M_c$ et $C = M_c$.

Cette fonction est représentée par une hyperbole dont une des branches passe par l'origine et tend vers l'infini pour $C_m = \dfrac{-M_c}{M_t - M_c}$ (fig. 3), on retrouve que $C_v = 0$ pour $C_m = 0$ et $C_v = 1$ pour $C_m = 1$. Examinons la variation du rapport C_v/C_m dans l'intervalle utile $0 < C_m < 1$: à l'origine, la tangente à la courbe est lim C_v/C_m lorsque C_m tend vers 0, soit M_t/M_c ; pour $C_m = 1$, $C_v/C_m = 1$. Ce rapport varie donc entre M_t/M_c et 1. Comme, sauf exception très peu probable, M_t/M_c est inférieur à 1, C_v/C_m reste inférieur à 1 dans l'intervalle utile et $C_v < C_m$. Pour une quantité donnée de cailloux, la teneur volumique s'exprime généralement par un nombre inférieur à celui qui donne la teneur massique.

Masses volumiques du sol, de la terre fine et des cailloux

Les masses volumiques apparentes et réelles peuvent être définies pour le sol, sa terre fine et ses éléments grossiers.

Une masse volumique apparente est le quotient d'une masse par le volume *apparent* correspondant. A la masse volumique des cailloux M_c et de la terre fine M_t, on adjoint la masse volumique du sol M_s.

Les masses volumiques réelles de la terre fine (M_{rt}) et des cailloux (M_{rc}) s'obtiennent en divisant la masse par le volume réel correspondant, c'est-à-dire le volume de la phase solide.

De même, la porosité, fraction du volume apparent (ou total) occupée par les « vides », peut se calculer pour la terre fine, les cailloux et le sol.

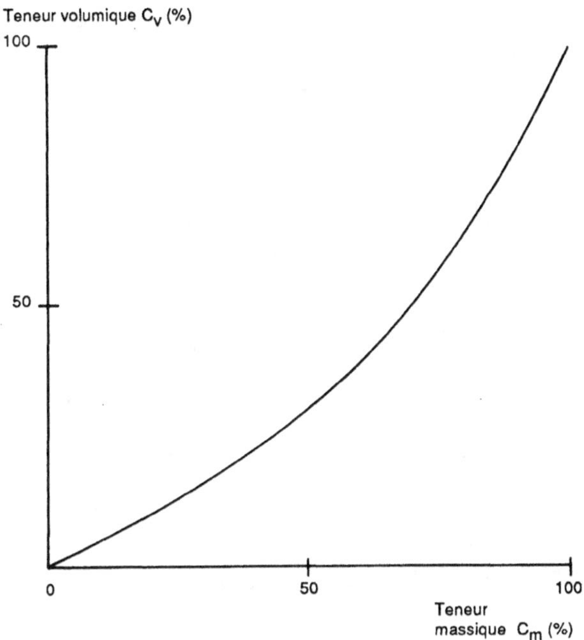

Figure 3 – Relation entre la teneur volumique C_v et la teneur massique C_m. Masses volumiques apparentes de la terre fine 1,2 kg · dm^{-3}, des cailloux 2,7 kg · dm^{-3}.

Masses volumiques apparentes partielles de terre fine et des cailloux

BOURRIER (1959) a introduit la notion de masse volumique apparente partielle de terre fine (M_{pt}), masse de terre fine sèche se trouvant dans l'unité de volume de sol en place (μ_t/v_s). La valeur de la masse volumique apparente partielle de terre fine dépend du volume de terre fine présent dans le volume total et de la masse volumique apparente de celle-ci, elle ne peut donc caractériser la compacité du sol. La masse volumique apparente partielle de terre fine facilite certains calculs. Par exemple, l'humidité massique de la terre étant connue, on peut calculer la quantité d'eau existant dans un volume apparent donné de sol. La notion de masse volumique apparente partielle se transpose aisément à la phase caillouteuse du sol, le terme correspondant étant M_{pc} : μ_c/v_s. Par exemple, lorsque les cailloux retiennent de l'eau, la masse volumique apparente partielle de cailloux permet de calculer, leur humidité étant connue, la masse d'eau qu'ils retiennent pour un volume apparent donné de sol en place.

Relations entre les masses volumiques

La masse volumique apparente partielle d'une phase se calcule à partir de la masse volumique apparente de cette phase et de la teneur en cailloux volumique :
pour la terre fine : $M_{pt} = M_t (1 - C_v)$; pour les cailloux : $M_{pc} = M_c . C_v$.

FLINT et CHILDS (1984) calculent une relation entre les masses volumiques apparentes du sol, de la terre fine et des cailloux.

$$\mu_s = M_s \cdot v_s$$
$$\mu_t = M_t \cdot v_t$$
$$\mu_c = M_c \cdot v_c$$

Dans un volume apparent v_s de sol, existe pour les masses l'égalité $\mu_s = \mu_t + \mu_c$ et en remplaçant les masses par leurs valeurs, $M_s \cdot v_s = M_t \cdot v_t + M_c \cdot v_c$. Comme $v_s = v_t + v_c$, $v_t = v_s - v_c$, $M_s \, v_s = M_t \, (v_s - v_c) + M_c \, v_c$.

Divisons l'expression par v_s, $M_s = M_t \, (1 - \dfrac{v_c}{v_s}) + M_c \, \dfrac{v_c}{v_s}$. Or, $\dfrac{v_c}{v_s}$ est la teneur volumique en cailloux C_v. On obtient alors $M_s = M_t \, (1 - C_v) + M_c \, C_v$.

BERGER (1976) propose une formule analogue, utilisant la teneur massique en cailloux C_m : $\dfrac{1}{M_s} = \dfrac{1 - C_m}{M_t} + \dfrac{C_m}{M_c}$. Pour passer de la formule de BERGER à celle de FLINT et CHILDS, on remplace C_m par $\dfrac{v_c \cdot M_c}{v_c \cdot M_c + v_t \cdot M_t}$.

Dimensions des cailloux

Si elles se traduisent en fin de compte par des longueurs, elles présentent la particularité d'être en quelque sorte semi quantitatives en ce sens que les dimensions des cailloux ne sont pas rigoureusement définies et interfèrent avec d'autres éléments de leur description, tels que leur forme.

Pour attribuer des dimensions à un caillou, on pourrait recourir à des conventions. S'il est assez régulier et n'a pas de dimensions privilégiées, on pourrait le caractériser par la dimension d'un solide géométrique auquel on pourrait l'assimiler : ce pourrait être l'arête d'un cube de volume équivalent, ou le diamètre de la sphère dans lequel il pourrait être inscrit. En fait, aucune de ces conventions ne peut être retenue, compte-tenu de la grande irrégularité de forme des cailloux. Les dimensions des cailloux ne sont donc que des évaluations plus ou moins précises suivant leur forme. Cependant, dans le cas des galets plats, on peut donner trois dimensions, longueur, largeur et épaisseur.

Dans la révision de 1981, du Soil survey manual, la Direction nationale d'étude des sols des Etats-Unis propose plusieurs classes de dimension, selon que la forme du matériau grossier peut être considérée comme à peu près régulière ou aplatie (tabl. 3).

HENIN *et al.* (1969) proposent pour des sols cultivés en plantes annuelles, la limite 2 cm : entre 0,2 et 2 cm, il s'agit de graviers et au-delà de 2 cm de pierres. Dans le «Code pour le relevé méthodique de la végétation et du milieu», le CNRS a proposé en 1968 les limites 0,2 cm –0,5 cm; 2 cm – 20 cm. La classe 0,2 – 0,5 cm est désignée par gravillons, la classe 0,5 – 2 cm par gravette et la classe 2 – 20 cm par cailloux; au-delà de 20 cm, on a affaire à des blocs. Il paraît difficile de donner des limites dimensionnelles de référence, celles-ci pouvant varier suivant les objectifs de l'étude.

Tableau 3 – Classification des fragments de roche par forme et taille. Soil survey manual (1981).

	a. *Diamètre (cm)* de fragments arrondis, quasi arrondis, anguleux ou irréguliers
graviers	0,2 - 7,6
	0,2 - 0,5
	0,5 - 2
	2 - 7,6
caillou	7,6 - 25
pierre	25 - 60
blocs	> 60

	b. *Longueur (cm)* de fragments aplatis
«Channer»	0,2 - 15
pavé	15 - 38
pierre	38 - 60
blocs	> 60

Comme en général les cailloux n'ont pas les mêmes dimensions, il faut donner leur répartition par classe de diamètre, l'importance de chaque classe étant caractérisée par la masse ou le volume apparent correspondant.

Quoique la dimension des cailloux ne puisse résulter que d'une évaluation, celle-ci est fort utile. Des cailloux de 1 cm n'ont pas les mêmes effets que des cailloux de 10 cm, qu'il s'agisse par exemple des dommages occasionnés aux plantes, des facilités de travail du sol et du résultat de ce dernier.

Description qualitative

Les caractéristiques qualitatives présentent des intérêts différents suivant l'aspect abordé. On a déjà vu que la dimension des cailloux, même si elle est exprimée par un ou des nombres n'est pas rigoureusement définie et n'est donc pas une mesure au sens strict. Un élément important qui interagit avec le précédent est ce qu'on convient d'appeler la forme des cailloux. En fait, sa description se limite à noter si le fragment de roche :
– n'a pas de dimensions privilégiées, et peut-être approximativement assimilable à une sphère,
– a un allongement plus ou moins marqué,
– est aplati.

Une autre caractéristique est constituée par le fait que la pierre est émoussée ou non. Des pierres émoussées présentent moins d'inconvénients pour ce qui est des lésions éventuelles causées aux plantes et pour l'usure des instruments aratoires.

Connaître la nature pétrographique des cailloux est utile. Il est également utile de préciser, sinon leur dégré d'altération, ce qui est affaire de spécialiste, mais si le cailloux est altéré ou non. Ceci intervient dans les domaines suivants :
- les caractéristiques thermiques du sol (conductivité, chaleur spécifique) dépendent uniquement de la nature pétrographique des éléments grossiers, si ceux-ci ne sont pas poreux. Cette nature détermine aussi leur couleur qui modifie le régime thermique du sol par l'intermédiaire des éléments grossiers qui sont en surface ;
- la dureté des cailloux conditionne leur fragmentation en morceaux plus petits sous l'action du climat et du travail du sol. La dureté intervient également sur l'usure des instruments aratoires.

La nature de la roche peut avoir une incidence sur la fourniture d'éléments nutritifs. En effet, ceux-ci ne sont pas localisés uniquement sur la terre fine, puisque dès qu'un cailloux s'altère, il libère dans le sol des éléments minéraux dont certains peuvent intervenir dans la nutrition des plantes. Par exemple, un constituant de roche tel que le mica libère du potassium et ceci de façon plus intense pour le mica noir que pour le mica blanc qui s'altère plus lentement. Dans des sols caillouteux de terrils de mine, VOGEL et VAN LEAR (non publié) signalent que la fraction de cailloux de 2 à 6,4 mm contient au moins autant d'éléments nutritifs utilisables que la terre fine, et parfois plus (tabl. 4). Ceci expliquerait qu'en l'absence de fertilisation les sols de terril produisent plus que les sols ordinaires (ASHBY *et al.*, 1984). De même, les labours profonds ramènent en surface des fragments de roches altérées qui peuvent contribuer à la nutrition minérale, si ces roches contiennent des éléments nutritifs (certains grès, gneiss, micaschiste...).

Dans certaines situations, les prévisions de fumure minérale ne devraient pas tenir compte uniquement de la richesse de la terre fine en éléments nutritifs, mais éventuellement de la nature particulière de certains éléments grossiers.

Tableau 4 – Teneur en éléments utilisables de trois sols de mine. VOGEL et VAN LEAR.

Sol N°	Fraction		Ca	Mg	K	Fe	Mn	P
				Eléments utilisables (ppm)				
1		≤ 2 mm	128	210	122	29	58	2,2
	2,0	6,4 mm	127	338	131	17	58	2,5
	6,4	12,7 mm	65	95	71	8	20	1,6
2		≤ 2 mm	358	208	108	7	12	5,3
	2,0	6,4 mm	330	185	101	5	9	3,2
	6,4	12,7 mm	180	93	61	4	5	3,2
3		≤ 2 mm	619	537	161	6	14	2,5
	2,0	6,4 mm	590	504	173	9	14	2,9
	6,4	12,7 mm	303	285	110	5	6	1,3

2.

Mesures des caractéristiques des sols caillouteux : taux de cailloux, masses volumiques

L'ensemble des mesures nécessaires pour caractériser les sols comportant des cailloux est beaucoup plus vaste que pour les sols qui en sont dépourvus, en partie parce que certaines caractéristiques sont spécifiques des sols caillouteux. Les mesures *in situ* doivent être associées à des mesures de laboratoire et les difficultés de toutes ces mesures augmentent avec la dimension des éléments grossiers.

Toute mesure nécessite de constituer un échantillon représentatif qui dépend *a priori* de la quantité de cailloux, de leurs dimensions et de l'hétérogénéïté de répartition dans l'espace ; l'échantillonnage est de ce fait un problème très ardu qui n'a pas de solution satisfaisante dans tous les cas.

Avant toute mesure, le problème qui se pose est de déterminer à partir de quelle quantité de cailloux un sol peut être considéré comme caillouteux et nécessite de ce fait des mesures spécifiques ?

Mode d'appréciation des cas où la teneur en cailloux peut être considérée comme négligeable

Le seuil correspondant dépend *a priori* de la caractéristique considérée et de l'usage qu'on veut en faire, il n'est donc pas forcément le même dans tous les cas. Cependant, pour fournir des ordres de grandeurs, nous nous limiterons à la mesure des masses volumiques apparentes. L'évaluation du seuil sera abordée de plusieurs façons : incidence des cailloux sur la masse volumique apparente partielle de terre fine, procédure de mesure des masses volumiques en présence de cailloux peu nombreux, mesures simples permettant de préciser si un sol peut être considéré comme caillouteux.

Incidence de la teneur en cailloux sur la masse volumique apparente de terre fine

Lorsque la quantité de pierres d'un sol diminue, la masse volumique apparente partielle de terre fine augmente et tend vers la masse volumique apparente de la terre fine. A partir de quelle teneur volumique en cailloux la masse volumique apparente partielle de terre fine peut être considérée comme distincte de la masse volumique apparente ?

La relation $M_{pt} = M_t (1 - C_v)$ (cf. p. 19) peut s'écrire $M_{pt}/M_t = 1 - C_v$. Si les valeurs correspondantes de M_{pt} et M_t diffèrent seulement de 5 %, $M_{pt}/M_t = 0,95$ et $C_v = 0,05$. L'écart entre les valeurs des masses volumiques est égale à la teneur volumique. Si l'on ne désire pas sur la masse volumique apparente une précision supérieure à 5 %, il n'est pas nécessaire de tenir compte des cailloux tant que leur teneur volumique ne dépasse pas 5 %. Il y a identité entre erreur relative et teneur en cailloux.

Pour transformer cette limite en teneur massique, on a besoin des masses volumiques de la terre fine et des cailloux. Si $M_t = 1,3$ kg · dm^{-3} et Mc = 2,7 kg · dm^{-3} (cailloux non poreux), dans le volume unité de sol il y a 0,05 dm^3 de cailloux et $(1 - 0,05)$ dm^3 de terre ; les masses correspondantes de pierres et de terre fine sont 0,135 kg et 1,235 kg, d'où une teneur massique de 0,135 / (0,135 + 1,235) = 9,8 %. Avec une masse volumique de pierre poreuse de 2,2 kg · dm^{-3} seulement, on obtiendrait une teneur massique de 8,1 %.

Mesures des masses volumiques apparentes partielles de terre fine en sol peu caillouteux

Pour déterminer la teneur volumique limite recherchée, on va considérer deux façons de mesurer la masse volumique apparente partielle de terre fine en sol peu caillouteux. Il est possible en effet d'inclure quelques cailloux dans le prélèvement ou de les exclure (BOURRIER, 1959). Nous calculerons la masse volumique apparente partielle et examinerons en-dessous de quelle quantité de cailloux elle peut être assimilée à la masse volumique de la terre fine.

Si le prélèvement inclut des cailloux (fig. 4a), son volume est Λ et sa masse totale Γ comprend la masse μ_c de cailloux. La masse volumique apparente partielle de terre fine se calcule en tenant compte des cailloux qui sont dans le prélèvement, ce qui donne $(\Gamma - \mu_c) / \Lambda$; en négligeant leur présence, on obtient Γ/Λ.

L'erreur relative commise est donnée par $\dfrac{\Gamma/\Lambda - (\Gamma - \mu_c) / \Lambda}{(\Gamma - \mu_c) / \Lambda} = \dfrac{\mu_c}{\Gamma - \mu_c}$.

En acceptant une erreur de 5 %, $\dfrac{\mu c}{\Gamma - \mu c} = \dfrac{5}{100}$, d'où $\mu_c/\Gamma = 0,049$, soit 4,9 % en masse. Avec les données des cailloux non poreux, la teneur volumique correspondante serait de 2,4 %.

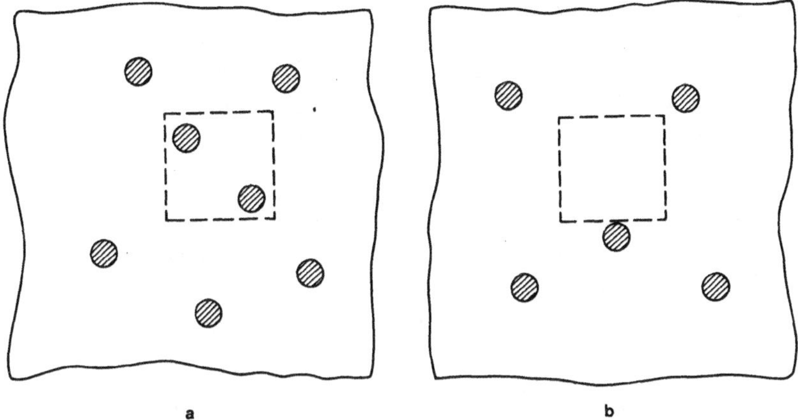

Figure 4 – Prélèvements dans des sols peu caillouteux, contenant quelques cailloux (a), ne contenant pas de cailloux (b).

On peut aussi s'arranger pour prélever un volume de sol ne contenant pas de cailloux (fig. 4 b). Soit Γ, V, μ_c et v_c, les grandeurs concernant l'ensemble du terrain, v_c étant le volume de pierres.

La valeur exacte de la masse volumique apparente partielle est $\dfrac{\Gamma - \mu_c}{\Lambda}$ et la mesure sur le prélèvement sans pierre donne la valeur erronnée $\dfrac{\Gamma - \mu_c}{\Lambda - v_c}$. L'erreur relative est :

$$\frac{\dfrac{\Gamma - \mu_c}{\Lambda - v_c} - \dfrac{\Gamma - \mu_c}{\Lambda}}{\dfrac{\Gamma - \mu_c}{\Lambda}} \quad \text{soit} \quad \frac{v_c}{\Lambda - v_c}.$$

Avec une erreur relative de 5 %, la teneur volumique en pierre est de 4,7 % et la teneur massique de 9,9 %. La mesure incluant des cailloux dans le prélèvement de terre donne un même seuil que l'autre façon de procéder avec une teneur en cailloux volumique deux fois plus petite. Cette teneur limite varie donc avec la méthode de mesure ou la façon d'aborder le problème.

Cependant, nous proposerons un ordre de grandeur pour la quantité de cailloux au-delà de laquelle un sol peut être considéré comme caillouteux et nécessite de substituer à la masse volumique apparente de terre fine la masse volumique apparente partielle de terre fine pour obtenir une précision de 5 % sur la masse volumique apparente : on peut négliger les cailloux lorsque leur teneur volumique ne dépasse pas 5 % environ. La teneur massique correspondante est de l'ordre de 10 % pour des cailloux non poreux et inférieure à ce seuil pour des cailloux poreux.

Mesure des distances entre cailloux

Une précision donnée étant requise pour calculer un paramètre concernant le sol, il s'agit de préciser si une mesure de la quantité de cailloux est nécessaire. Nous allons présenter l'analyse de BOURRIER (1959) basée sur la mesure *in situ* des distances entre cailloux.

Le modèle de BOURRIER admet que la phase solide d'un sol est constituée de terre fine et de cailloux sphériques de diamètre « a », placés aux nœuds d'un réseau cubique (fig. 5). La distance entre les nœuds du réseau est prise égale à un multiple « δ » du diamètre « a », c'est « δa ». C'est également la distance entre les centres de gravité des cailloux.

Considérons un cube d'arête nδa avec n grand, le volume du cube est $(n\,\delta\,a)^3$. Le nombre N de cailloux dans un cube est n^3. Enfin, leur volume total est

$$\frac{4}{3}\,\pi\,(\frac{a}{2})^3\,n^3 = \frac{\pi\,a^3 n^3}{6}\,.$$

Calcul de la teneur volumique C_v

$$\frac{\text{volume de cailloux}}{\text{volume total}} = \frac{\pi\,a^3 n^3}{6\,(n\,\delta\,a)^3} = \frac{\pi}{6\,\delta^3}\,,\ \text{d'où }C_v = 0{,}523/\delta^3 \simeq 1/2\,\delta^3.$$

Calculons la valeur de « δ » correspondant à une teneur volumique en éléments grossiers limite de 5 % : $0{,}05 = 0{,}525/\delta^3$, d'où $\delta^3 = 0{,}525\,/\,0{,}05 = 10{,}5$; ceci donne pour δ la valeur 2,2. Si on néglige une teneur en cailloux volumique de 5 %, il n'est pas nécessaire de faire la mesure lorsque le paramètre δ est plus grand que 2,2. Selon le diamètre « a » des cailloux, la distance limite entre leur centre de gravité est 2,2 cm pour a = 1 cm, 4,4 cm pour a = 2 cm, etc.

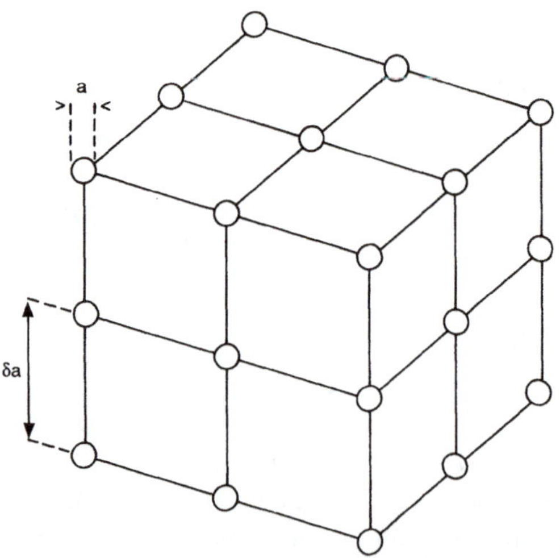

Figure 5 – Modèle en réseau de sol caillouteux (BOURRIER, 1959).

Avec une teneur limite de 10 %, δ prendrait la valeur 1,7, ce qui donne 1,7 cm pour a = 1 cm, 3,4 cm pour a = 2 cm...

L'expression de la teneur volumique, en fonction de « δ » permet d'évaluer l'erreur commise lorsque le réseau est irrégulier. Comme $C_v = 1/2\ \delta^3$,
log Cv = $-$ log 2 $-$ 3 log δ et

$\dfrac{\Delta Cv}{Cv} = \Delta \log Cv = \dfrac{3\Delta\delta}{\delta}$. Si $\Delta\delta/\delta$ vaut 0,05, $\Delta C_v/C_v$ est égal à 0,15 ; l'erreur relative est de 15 %.

Calcul de la teneur massique C_m

Masse de terre fine $M_t \left[(n\,\delta\,a)^3 - \dfrac{\pi a^3\,n^3}{6}\right]$, masse de cailloux $M_c\ \dfrac{\pi\,a^3\,n^3}{6}$.

Comme la masse de sol en place est la somme de la masse de terre fine et de la masse de cailloux, la teneur massique est :

$$\dfrac{M_c\ \dfrac{\pi a^3\,n^3}{6}}{M_c\ \dfrac{\pi a^3\,n^3}{6} + M_t\ \left[(n^3\,\delta^3\,a^3 - \dfrac{\pi a^3\,n^3}{6}\right]} .$$

D'où

$$C_m = \dfrac{M_c\ \pi/6}{M_c\ \dfrac{\pi}{6} + M_t\ \left[\delta^3 - \dfrac{\pi}{6}\right]} \quad\text{ou}\quad C_m = \dfrac{0,523\ M_c}{0,523\ (M_c - M_{t)} + M_t\ \delta^3} .$$

En considérant une teneur massique de 5 %, et en prenant pour $M_c = 2{,}7$ g. cm^{-3} et pour $M_t = 1{,}5$ g. cm^3, il vient : $0{,}05 = \dfrac{0{,}523 \times 2{,}7}{0{,}523 \times 1{,}2 + 1{,}5\,\delta^3}$, d'où $\delta = 2{,}6$. Pour une teneur massique limite de 10 %, on obtient $\delta = 2{,}0$.

En admettant que les cailloux soient isodiamétriques et que les masses volumiques apparentes de cailloux et de terre fine soient connues de façon précise, on peut calculer l'erreur faite lorsque les cailloux ne sont pas exactement aux nœuds du réseau.

$$\dfrac{\Delta\ C_m}{C_m} = \dfrac{3\ M_t\ \delta^2\ \Delta\ \delta}{0{,}523\ (M_c - M_t) + M_t\ \delta^3} .$$

Pour $\delta = 2$ et une erreur $\Delta\delta = \dfrac{5}{100}$, $\Delta\delta = \dfrac{5}{100}$. $2 = 0{,}1$ et avec $M_c = 2{,}7$ g. cm^{-3} et $M_t = 1{,}5$ g. cm^{-3} , $\dfrac{\Delta\ C_m}{C_m} = 6{,}5$ %. Pour $\dfrac{\Delta\ \delta}{\delta} = 10$ % , $\dfrac{\Delta\ C_m}{C_m} = 14$ % .

Calcul de la masse volumique apparente partielle de terre fine M_{pt}

Masse de terre fine $= M_t \left[(n\,\delta\,a)^3 - \dfrac{\pi\,a^3}{6}\,n^3 \right]$.

Volume total $= (n\,\delta\,a)^3$. La masse volumique apparente partielle de terre fine M_{pt} est :

$$M_{pt} = \frac{M_t\,[\,n^3\,\delta^3\,a^3 - 0,523\,a^3\,n^3\,]}{n^3\,\delta^3\,a^3} = Mt \left(1 - \frac{0,523}{\delta^3} \right) \simeq Mt \left(1 - \frac{1}{2\,\delta^3} \right) .$$

Admettons pour la terre fine une masse volumique apparente partielle inférieure de 10 % à la masse volumique apparente et prenons la masse volumique apparente de la terre fine égale à $1,5$g. cm^{-3} :

$$\frac{10}{100} \times 1,5 = 0,15 \,;\; M_{pt} = 1,50 - 0,15 = 1,35.$$

$1,35 = 1,5\,[1 - 0,523/\delta^3] = 1,5 - 0,78/\delta^3$. Ceci donne $\delta^3 = 5,2$ et $\delta = 1,73$.

Si au lieu de 10 %, on considère 5 %, on obtient $\delta = 2,2$.

Calcul de la masse volumique apparente partielle de cailloux M_{pc}

Masse de cailloux $= Mc\,\dfrac{\pi\,a^3\,n^3}{6} = M_c \times 0,523\,a^3\,n^3$, volume total $= (n\,\delta\,a)^3$,

$$M_{pc} = M_c\,\frac{0,523}{\delta^3} .$$

Si la masse volumique apparente partielle de cailloux est $0,05$, leur masse volumique étant $2,7$ g. cm^{-3} : $0,05 = 2,7 \times \dfrac{0,523}{\delta^3}$, d'où $\delta = 3$. Pour $M_{pt} = 10$ %, on obtiendrait $\delta = 2,4$.

Pour l'ensemble des caractéristiques considérées ci-dessus, les valeurs de δ ne sont pas très différentes, pour le seuil 5 % : 2,2 - 2,2 - 2,6 - 3 et pour le seuil 10 % : 1,7 - 1,7 - 2,0 et 2,4.

Les calculs sur modèle précédents sont uniquement destinés à fournir des ordres de grandeur pouvant guider l'observateur qui doit décider si une mesure du taux de cailloux est nécessaire. Ce modèle fournit des distances théoriques limites entre centres de gravité des cailloux, ces distances étant proportionnelles au diamètre des cailloux. En admettant qu'il ne soit pas nécessaire de tenir compte des pierres lorsque leur teneur volumique est inférieure à 5 % en volume (ce qui correspond à une excellente précision sur les mesures en physique du sol), la distance entre centre de gravité de ces pierres ne doit pas être inférieure à 2 ou 3 fois leur diamètre. La mise en œuvre de cette procédure de choix peut se faire en traçant par la pensée sur une coupe de sol une horizontale et une verticale passant par un élément grossier pour mesurer les distances aux éléments voisins ; il est nécessaire de recommencer l'opération plusieurs fois. En divisant la distance moyenne par le diamètre moyen des cailloux, on obtient le paramètre « δ » qui ne doit pas excéder 2 ou 3. Il va sans dire qu'utiliser ce critère n'est pas simple, même lorsque les cailloux à peu près sphériques ont sensiblement les mêmes dimensions et sont répartis de façon régulière.

Mesures concernant les sols caillouteux
(teneurs massique et volumique, masses volumiques apparentes partielles).

Une fois la quantité de cailloux reconnue comme appréciable, il faut réaliser les mesures.

La teneur massique se calcule facilement à partir de la masse de cailloux existant dans un prélèvement de terre de masse connue. La connaissance de la teneur volumique est nécessaire pour la plupart des calculs concernant les propriétés des sols. Il est possible de passer de l'expression massique à l'expression volumique, si les masses volumiques apparentes de la terre fine et des éléments grossiers sont connues (cf. p. 18).

Si tel n'est pas le cas, il faut mesurer *in situ* les volumes respectifs occupés par la terre fine et les pierres. Le plus souvent on mesure *in situ* le volume apparent occupé par le prélèvement de terre et on pèse la masse des cailloux et celle de la terre fine. Après avoir déterminé au laboratoire la masse volumique apparente des cailloux, on est en mesure de passer de leur masse à leur volume. Le volume de terre fine se calcule par la différence entre le volume de prélèvement et le volume des cailloux. On dispose ainsi de tous les éléments pour calculer la teneur volumique en pierre et les masses volumiques apparentes partielles de terre fine et de pierres.

Les opérations à réaliser *in situ* sont la mesure du volume apparent du prélèvement de terre et la séparation de la terre fine des cailloux. La façon de réaliser ces opérations sur le terrain dépend essentiellement de la dimension des cailloux.

Séparation de la terre fine et des cailloux

Cette séparation, qui se fait à l'aide d'un tamis de 2 mm à trous ronds, présente des difficultés tenant à la présence éventuelle de cailloux de grandes dimensions et d'autre part aux cohésions relatives des mottes de terre et des cailloux.

Lorsque les cailloux sont gros, de diamètre supérieur à 5 cm pour fixer les idées, il est nécessaire de les enlever manuellement, de les peser, et de tamiser ensuite le matériau restant. Dans ce cas, il peut être utile de constituer pour le tamisage à 2 mm un sous-échantillon. Il faut d'abord enlever les gros cailloux à la main ensuite tamiser le matériau restant à un tamis de 2 cm par exemple, en vérifiant que tous les agrégats de diamètre supérieur ont été fragmentés. La totalité de la fraction qui est passée à travers le tamis ou une partie aliquote seulement peuvent être rapportée au laboratoire pour un tamisage à 2 mm.

Si les pierres sont beaucoup plus cohérentes que la terre fine, on ne risque pas de les briser lorsqu'on fragmente les agrégats de terre et la séparation par tamisage ne présente pas de difficultés. Il n'en est plus de même lorsque les pierres sont fragiles (roches altérées, certains grès), on risque alors de les casser en fragments plus petits, en broyant les agrégats de terre pour qu'ils traversent le tamis de 2 mm. La teneur en éléments grossiers est sous-estimée tandis que c'est l'inverse pour la terre fine.

Enfin, généralement la terre fine a une certaine humidité et il peut en être de même pour les éléments grossiers s'ils sont poreux ; l'existence d'une porosité se détermine en déposant une goutte d'eau sur le caillou non saturé préalablement brossé ; s'il est poreux, la goutte d'eau disparaît.

Il est nécessaire pour la terre fine et éventuellement pour les pierres d'emporter tout ou partie du prélèvement au laboratoire pour déterminer son humidité. Comme on connaît la masse de terre humide, l'humidité doit être rapportée à la terre humide pour retirer la masse d'eau de celle de la terre fine humide.

Méthodes de mesure du volume apparent du prélèvement

En l'absence de cailloux, on délimite un volume défini de sol au moyen d'une sonde ou d'un tube de forme cylindrique. La détermination de la masse de terre correspondant à ce volume permet de calculer la masse volumique de la terre.

La façon de faire précédente peut encore être mise en œuvre dans les sols peu caillouteux, l'acier constituant le matériel de prélèvement étant trempé ou non trempé selon les auteurs (REINHART, 1961). FLINT et CHILDS (1984 b) estiment que l'on peut ainsi mesurer la quantité d'éléments grossiers avec une précision convenable tant que leur teneur volumique ne dépasse pas 15 %. Plus précisément, au-dessus de ce seuil, le coefficient de détermination de la régression entre les masses volumiques apparentes du sol en place mesurées avec une sonde de prélèvement et par la méthode du trou irrégulier mieux adaptée aux sols caillouteux (cf. ultra) est inférieur à 0,8.

Au-delà de cette teneur, il est nécessaire d'utiliser d'autres méthodes. Le trou correspondant au prélèvement a alors une forme irrégulière (irregular hole method). Les variantes de cette méthode concernent la façon de mesurer le volume de ce trou. S'il est relativement petit, ce qui correspond à des pierres de petites dimensions, de l'ordre de 2 cm, le densitomètre à membrane est utilisable ; le volume mesuré est de l'ordre du dm^3. Lorsque le trou est de plus grandes dimensions, son volume est déterminé par l'intermédiaire de liquides ou de matériaux pulvérulents que l'on verse dans le trou.

Après avoir placé un film en plastique contre les parois du trou, on peut mesurer son volume avec de l'eau. Des liquides visqueux comme l'huile de vidange peuvent être versés dans le trou sans film de plastique, mais outre les risques de pollution, on n'est pas assuré qu'une partie de l'huile ne s'écoule pas par les fissures. On peut également utiliser du sable monogranulaire sec. Une difficulté provient du fait que sa masse volumique apparente varie avec le tassement. L'utilisation d'une bouteille à sable (CAPPER et CASSIE, 1953, p. 51 - BLAKE, 1965) permet de limiter cet inconvénient. FLINT et CHILDS (1984 b) substituent au sable des billes d'époxy de diamètre compris entre 3 et 6,3 mm et utilisent un dispositif pour mesurer le volume de ces billes emplissant le trou.

Enfin, pour des volumes de prélèvement de grandes dimensions nécessités par des cailloux de grand diamètre, les méthodes précédentes exigeraient des quantités de matériaux (sable, huile...) rédhibitoires pour les mesures de volume. On verra que des méthodes d'évaluation peuvent être utiles dans ces situations.

Mesures du volume de prélèvement et dimensions des cailloux

Les opérations de mesure sont d'autant plus difficiles que la dimension des éléments grossiers est plus grande. L'incidence de la dimension des cailloux sur leur séparation de la terre fine a déjà été précisée. Nous allons traiter maintenant de la méthode de mesure du volume apparent du prélèvement en rapport avec la dimension des cailloux.

Cailloux de diamètre inférieur à 2 cm

Si la teneur volumique est inférieure à 15 %, il est possible de prélever un volume apparent connu à l'aide d'un cylindre métallique ou d'une sonde. On peut aussi après avoir creusé un trou de forme irrégulière mesurer son volume à l'aide d'un voluménomètre à membrane.

Cailloux de diamètre compris entre 2 et 6 cm

La méthode du trou irrégulier peut encore être utilisée, si la quantité de cailloux n'est pas trop élevée. Il en est de même pour le densitomètre à membrane.

Une méthode alternative est le *pelletage* proposé par BOURRIER (1959). Sur une certaine quantité de terre prélevée à la pelle, on détermine les masses de terre fine et de cailloux, ce qui permet de calculer la teneur massique. Les volumes correspondants de terre fine et de cailloux sont calculés avec les masses volumiques apparentes supposées connues de la terre fine (M_t) et des cailloux (M_c). Ceci est une source de difficulté, les masses volumiques n'étant pas identiques pour tous les sols. Par exemple, pour un sol argileux, elle peut être de 1,2 kg $\cdot$ dm^{-3} et pour un sol limoneux 1,6 kg $\cdot$ dm^{-3}. De même, un cailloux poreux a une masse volumique apparente (par exemple 2,0 kg $\cdot$ dm^{-3}) inférieure à celle d'un caillou dépourvu de porosité (2,7 kg $\cdot$ dm^{-3}). Pour les cailloux, des mesures au laboratoire permettent d'accéder à la vraie valeur.

Quant à la terre fine, on dispose *a priori* de plusieurs possibilités. *Sous réserve que la présence de pierres* ne modifie pas la masse volumique apparente de la terre fine (cf. p. 55), on peut effectuer une mesure *in situ* sur un sol de texture analogue dépourvu de pierre, ce qui n'existe pas toujours. On peut aussi tenter d'évaluer la masse volumique à partir de la texture (HENIN *et al.*, 1969) : à chaque grande classe de texture correspond un ordre de grandeur de la masse volumique. Il serait préférable de calculer par différence le volume apparent de la terre fine sur un prélèvement de petites dimensions, les paramètres suivants étant connus : volume apparent du prélèvement, volume des cailloux (calculé à partir de leur masse et de leur masse volumique apparente déterminée au laboratoire) ; la masse de terre fine se calcule aussi par différence.

Les masses volumiques apparentes partielles de terre fine (M_{pt}) et de cailloux (M_{pc}) se calculent à partir des masses mesurées de terre fine (μ_t) et de cailloux (μ_c) et des masses volumiques apparentes de la terre fine (M_t) et des cailloux (M_c). Le volume apparent du prélèvement est évalué par $\mu_t/M_t + \mu_c/M_c$. Pour la terre fine par exemple $M_{pt} = M_t/(\mu_t/M_t + \mu_c/M_c)$.

L'erreur relative est :

$$\frac{\Delta M_{pt}}{M_{pt}} = \frac{\Delta M_t}{M_t} + \frac{\Delta\ (\mu_t/M_t) + \Delta\ (\mu_c/M_c)}{\mu_t/M_t + \mu_c/M_c} .$$

Le deuxième terme de l'expression s'écrit :

$$\frac{\dfrac{\Delta\mu_t}{\mu_t} + \dfrac{\Delta M_t}{M_t} + \dfrac{\Delta\ \mu_c}{\mu_c} + \dfrac{\Delta M_c}{M_c}}{\mu_t/M_t + \mu_c/M_c} .$$

On constate que les masses volumiques apparentes interviennent au même titre que les masses de terre fine et de cailloux sur la précision.

BOURRIER (1959) propose une évaluation des quantités de terre en place à prélever, en utilisant le modèle en réseau des sols caillouteux et en introduisant dans ce modèle la valeur limite de « δ » au-delà de laquelle la teneur en cailloux est considérée comme appréciable. Ce modèle considère une maille du réseau, soit 8 cailloux et un prélèvement de volume minimum autour de ceux-ci qui est un cube d'arête $\delta a + 2\ \dfrac{a}{2} = a\ (\delta + 1)$ et un prélèvement de volume maximum

$3\ \delta a - \dfrac{2a}{2} = a\ (3\delta\text{-}1)$ (fig. 6). Contrairement à BOURRIER, nous considérons un prélèvement intermédiaire entre les deux, le prélèvement moyen qui a pour arête $1/2\ [a\ (\delta + 1) + a\ (3\ \delta - 1)] = 2\ \delta\ a$.

Le volume total du prélèvement est $(2\ \delta\ a)^3$, soit $8\ \delta^3\ a^3$.

Le volume des 8 cailloux est $8 \times \dfrac{4}{3}\ \pi\ (\dfrac{a}{2})^3 = \dfrac{4}{3}\ \pi a^3$, ce qui est peu différent de $4\ a^3$, comme $\pi \simeq 3$. Leur masse est $M_c\ 4\ a^3$. Le volume de terre fine est $8\ \delta^3\ a^3 - 4\ a^3$, et sa masse $M_t\ (8\ \delta^3\ a^3 - 4a^3)$.

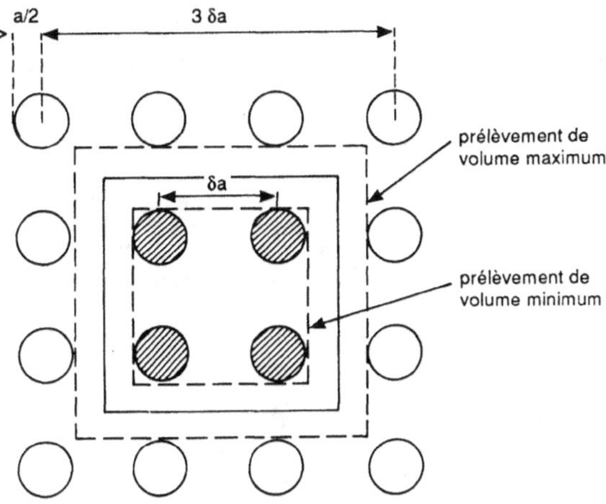

Figure 6 – Vue de côté du prélèvement contenant les 8 cailloux d'une maille du réseau.

La masse totale à prélever est donc M_t $(8 \, \delta^3 \, a^3 - 4 \, a^3) + M_c \, 4 \, a^3 = M_t \, 8 \, \delta^3 \, a^3 + (M_c - M_t) \, 4 \, a^3$.

On prendra pour valeur de « δ » la valeur en deçà de laquelle la teneur en pierres peut être considérée comme ayant une incidence sur les teneurs massiques et volumiques et sur la masse volumique apparente partielle de terre fine. D'après ce que l'on a vu précédemment, cette valeur est de l'ordre de 2.

Avec $M_c = 2,7$ g. cm^{-3} et $M_t = 1,5$ g. cm^{-3}, $1,5 \times 64 \, a^3 + 1,2 \times 4 \, a^3 = 100,8 \, a^3 \simeq 100 \, a^3$. La masse totale de sol à prélever en gramme est égale à $100 \, a^3$. Le tableau 5 donne la masse de sol à prélever en fonction du diamètre des cailloux.

Tableau 5 – Masse de sol à prélever selon le diamètre des cailloux.

Diamètre des cailloux (cm)	2	3	4	5	6	7
Masse (kg)	0,8	2,7	6,4	12,5	21,6	34,8

On remarquera que dans l'expression littérale de la masse à prélever intervient la différence des masses volumiques $M_c - M_t$; si cette quantité est petite, cela réduit la quantité de terre totale à prélever, c'est notamment le cas lorsque les cailloux sont poreux. Enfin, par précaution il vaut mieux majorer les quantités du tableau. Comme le signale BOURRIER, les calculs précédents ne fournissent que des ordres de grandeur.

LYFORD (1964) donne une évaluation des dimensions du trou supposé cubique : l'arête doit être deux fois plus grande que le diamètre du plus gros caillou ; ce qui, avec la notation de BOURRIER, donnerait $\delta = 2$. Cette évaluation ne prend pas en compte l'incidence des masses volumiques apparentes de la terre fine et des cailloux sur la teneur massique en cailloux.

Sur le terrain, on procède à un tamisage à 2 cm, on note la masse de cailloux restant sur le tamis. On recueille la fraction inférieure à 2 cm que l'on porte au laboratoire pour tamisage à 2 mm. Des aliquotes doivent être prélevées pour mesurer l'humidité de la terre fine et éventuellement des cailloux.

Essentiellement pour des raisons pratiques, pesées de fractions notamment, il est difficile de mettre en œuvre le pelletage lorsque la dimension des éléments grossiers excède 6 – 7 cm. En outre, la masse de terre à étudier ne peut dépasser 20 kg pour des raisons pratiques.

Cailloux de diamètre supérieur à 6 cm

On procède alors à des évaluations visuelles. Deux possibilités existent : l'utilisation du modèle en réseau pour évaluer le volume apparent du prélèvement, l'évaluation de la teneur volumique par la section occupée par les cailloux.

Modèle en réseau (BOURRIER, 1959) On a vu que le volume de terre fine était :

$$(n \ \delta \ a)^3 - \frac{\pi a^3 n^3}{6} \simeq n^3 \ \delta^3 \ a^3 - \frac{n^3 a^3}{2} \ \text{si} \ \pi \simeq 3 \ ;$$

ou $n^3 \ \delta^3 \ a^3 \ (1 - \frac{1}{2 \ \delta^3})$, « a » étant le diamètre des cailloux et « δa » leur distance.

En fait, la réalité ne peut être représentée au moyen d'un modèle comprenant des éléments grossiers d'un seul diamètre. Il faut donc compléter l'équation précédente. Nous commencerons par le cas de deux dimensions.

Les cailloux de plus grand diamètre « a » constituent un réseau de maille « δa », ce qui permet de calculer le volume de terre fine ci-dessus. Considérons maintenant des cailloux de diamètre « a_1 » inférieur à « a ». Ils sont répartis aux nœuds d'un réseau cubique de maille $\delta_1 a_1$. Si ces cailloux étaient les seuls présents dans le volume de sol en place, il y aurait n_1^3 cailloux avec $n \ \delta \ a = n_1 \ \delta_1 \ a_1$. En fait, à cause de la présence des cailloux de diamètre « a », le volume de sol en place est le volume total diminué du volume des cailloux de diamètre « a ». Leur nombre n'est plus n_1^3 mais N_1^3 ($N_1 < n_1$).

N_1 se calcule ainsi : $\dfrac{N_1^3}{n_1^3} = \dfrac{(n\delta a)^3 - \dfrac{n^3 a^3}{2}}{(n\delta a)^3}$,

$N_1^3 = n_1^3 \ (1 - \dfrac{1}{2\delta^3})$. La relation $n\delta a = n_1 \ \delta_1 \ a_1$ donne $n_1 = \dfrac{n \ \delta \ a}{\delta_1 \ a_1}$. Il vient enfin

$N_1^3 = \dfrac{n^3 \delta^3 a}{\delta_1^3 \ a_1^3} \ (1 - \dfrac{1}{2 \ \delta^3})$.

Le volume d'un élément grossier de diamètre « a_1 » est $\dfrac{4}{3}\pi\dfrac{a_1^3}{8} \simeq \dfrac{1}{2}a_1^2$ et le volume total d'éléments de cette catégorie est : $\dfrac{n^3\,\delta^3\,a^3}{\delta_1^3\,a_1^3}\left(1-\dfrac{1}{2\delta^3}\right)\dfrac{a_1^3}{2} = \dfrac{n^3\,\delta^3\,a^3}{2\,\delta_1^3}\left(1-\dfrac{1}{2\,\delta^3}\right).$

Le volume de la terre fine dans le prélèvement est

$$n^3\,\delta^3\,a^3\left(1-\dfrac{1}{2\,\delta^3}\right) - \dfrac{n^3\,\delta^3\,a^3}{2\,\delta_1^3}\left(1-\dfrac{1}{2\delta^3}\right) =$$

$$\left(1-\dfrac{1}{2\delta^3}\right)\left(n^3\,\delta^3\,a^3 - \dfrac{n^3\,\delta^3\,a^3}{2\delta_1^3}\right) = n^3\,\delta^3\,a^3\left(1-\dfrac{1}{2\delta^3}\right)\left(1-\dfrac{1}{2\delta_1^3}\right).$$

La formule précédente peut être généralisée à plus de deux familles de cailloux :

$$\overset{p\,=\,n}{\underset{p\,=\,1}{\pi}}\left(1-\dfrac{1}{2\,\delta_p^3}\right)$$

On peut calculer le volume de cailloux en retranchant le volume de terre de $n^3\delta^3a^3$. Connaissant les masses volumiques apparentes de terre fine et de cailloux, la teneur massique par exemple se calcule ainsi :

$$C_m = \dfrac{M_c\left[1-\left(1-\dfrac{1}{2\delta^3}\right)\left(1-\dfrac{1}{2\delta_1^3}\right)\right]}{M_c\left[1-\left(1-\dfrac{1}{2\delta^3}\right)\left(1-\dfrac{1}{2\delta_1^3}\right)\right] + M_t\left[1-\dfrac{1}{2\delta^3}\right)\left(1-\dfrac{1}{2\delta_1^3}\right)\right]}.$$

Pour utiliser cette formule, il faut déterminer « δ » sur le terrain. Pour cela, on mesure les distances entre cailloux et leur diamètre.

Section occupée par les éléments grossiers

Sur la paroi d'une tranchée, on évalue la proportion de la section occupée par les cailloux. L'évaluation postule l'identité entre cette proportion et la fraction de volume du sol en place qu'ils occupent. Ceci a été proposé pour la première fois par ROWE et COLMAN (1951). On admet que le rapport des surfaces est égal au rapport des volumes, ce qui est une affirmation *a priori* surprenante, même si les rapports sont sans dimension.

En fait, cette identité ne se démontre que dans des cas particuliers, par exemple : cube d'arête « d » contenant des éléments parallèles à une arête et de section constante, leur section totale étant s (fig. 7a). Rapport de section s/d^2 et rapport de volume $sd/d^3 = s/d^2$. Le modèle précédent peut être un peu compliqué pour se rapprocher de la réalité : l'élément isodiamétrique est divisé en plusieurs tronçons qui ne sont pas en regard l'un de l'autre. (fig. 7 b). Les longueurs de ces tronçons sont d_1, d_2, d_3, telles que $d_1 + d_2 + d_3 = d$. Lorsqu'on se déplace normalement à

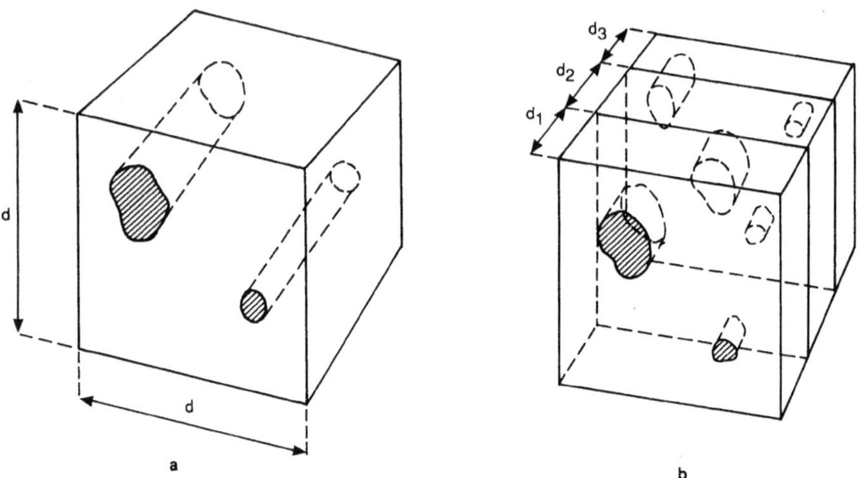

Figure 7 – Modèles de sols caillouteux pour lesquels existe l'identité entre la teneur volumique et le rapport de la section des cailloux à la section de sol.

une arête parallèle aux éléments, le rapport des sections reste s/d^2 avec toutefois une certaine ambiguïté lorsqu'on passe d'un tronçon à l'autre, puisque

$$\frac{sd_1 + sd_2 + sd_3}{d^3} = s/d^2 .$$

L'identité entre rapport de section et rapport de volume se démontre à l'aide de considérations probabilistes qui impliquent plusieurs répétitions. Soit un modèle en réseau de sols caillouteux constitué de cailloux cubiques d'arête « b » (fig. 8 a), l'arête du réseau étant d. Pour simplifier la démonstration, considérons les cubes ayant les mêmes arêtes que celles du réseau comportant un caillou en leur centre (fig. 8 b). Pour chacun de ces cubes, le rapport b^3/d^3 donne la teneur volumique en cailloux du sol.

Coupons ce cube par un plan mobile parallèle à une des faces et calculons le rapport des surfaces (fig. 8 c).
- tant que ce plan coupe un élément grossier, ce rapport est b^2/d^2 et la probalité d'avoir cette valeur est b/d ;
- lorsque ce plan ne coupe plus cet élément, le rapport de surface est $0/d^2$, soit 0, la probabilité étant $(d - b)/d$.

La valeur moyenne de ce rapport est l'espérance mathématique qui est la somme des produits de chaque valeur des rapports par sa probabilité :

$$\frac{b^2}{d^2} \times \frac{b}{d} + O \times \frac{d-b}{d} = \frac{b^3}{d^3} .$$

C'est bien le rapport des volumes.

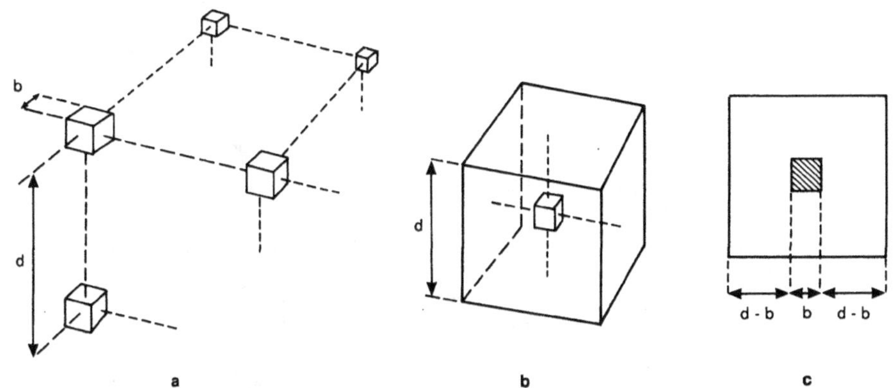

Figure 8 – Identité entre rapport des sections et teneur volumique. a : Modèle en réseau, b : Cellule élémentaire ayant un caillou en son centre, c : Cellule élémentaire vue de côté.

L'identité entre le rapport des sections et le rapport des volumes implique de faire *plusieurs évaluations* sur des coupes voisines et d'en prendre la moyenne.

Pour utiliser cette méthode, il faut délimiter sur le profil de sol la surface à considérer par horizon. Cette surface S (cm^2) est évaluée par la formule S = 2 dA, d (cm) étant la distance moyenne entre les cailloux et A (cm) leur dimension moyenne (CNRS, 1968). Pour l'évaluation de pourcentages inférieurs à 50, on peut s'aider de la charte de FOLK (1951) (fig. 9).

Lorsque des éléments grossiers isodiamétriques sont au contact les uns des autres, leur teneur volumique est de 50 %. Ceci se démontre en considérant 8 sphères en arrangement cubique dans un cube d'arête « G » (fig. 10).

Les sphères de diamètre G/2 occupent un volume de $\dfrac{4\,\pi G^3 \times 8}{3 \times 64} = 0,52\,G^3$. Comme le volume du cube est G^3, le rapport des volumes est 0,52 G^3/G^3 = 0,52, soit 1/2. En définitive :

– si ces éléments qui ont sensiblement les mêmes dimensions se touchent, leur teneur volumique est de l'ordre de 50 % ;

– si ces éléments se touchent encore, mais sans être isodiamétriques, leur teneur volumique est supérieure à 50 %, puisque de petits éléments remplissent les vides entre les gros ;

– enfin, si les éléments ne se touchent pas, la teneur est inférieure à 50 %.

Il est possible de systématiser l'évaluation de la section occupée par les cailloux, en s'aidant du dispositif proposé par SHIPP et MATELSKI (1965). C'est une plaque retangulaire (15 × 25 cm) percée de trous de 3 mm, à chaque nœud d'un quadrillage de 1,27 cm de côté. On enfonce une tige métallique dans chaque trou et on compte chaque fois que l'on rencontre un cailloux. Ce nombre, divisé par le

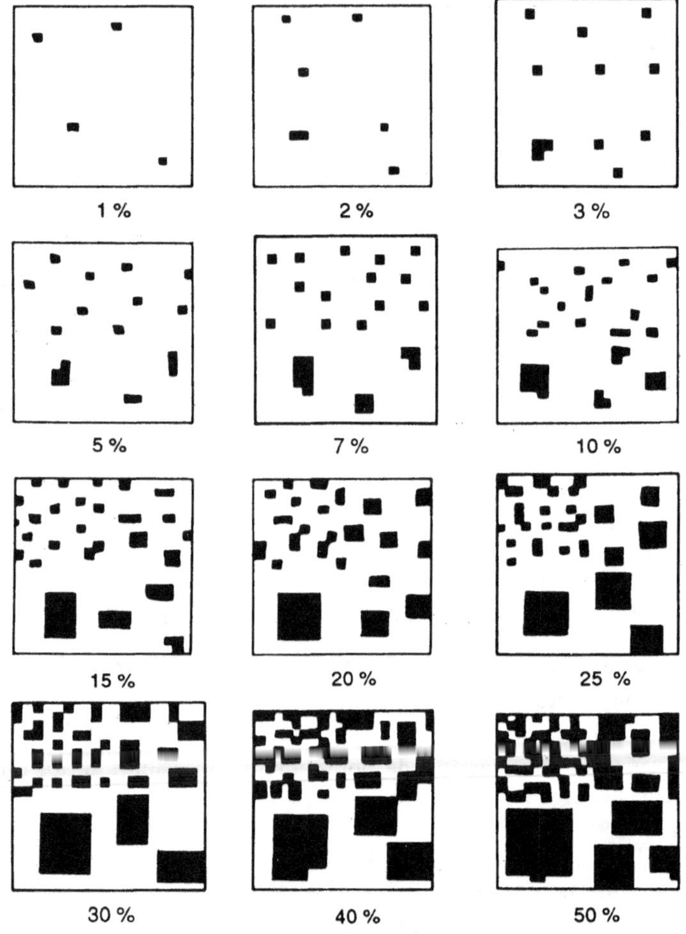

Figure 9 – Charte pour l'estimation visuelle des rapports de surface (d'après FOLK, 1951).

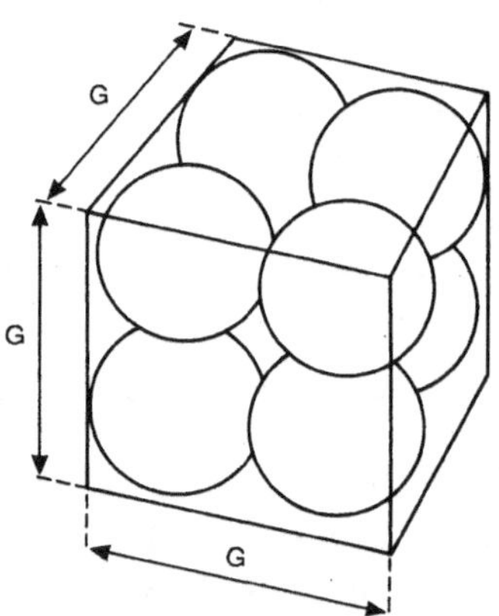

Figure 10 – Sphères en arrangement cubique dans un cube d'arête G.

nombre de trous (ici 209), donne la proportion de surface occupée par les cailloux. La précision croît lorsque la surface de la plaque augmente et lorsque la distance entre trous diminue.

Il existe peu de comparaisons entre les appréciations par étude de coupe de sol et les mesures de teneurs ; la figure 11 donne les comparaisons provenant des travaux de SHIPP et MATELSKI (1965) et EPSTEIN *et al.* (1966).

Variabilité des mesures

Ce qu'on vient de voir ne concernait que les seuils limites de teneur en cailloux et les précisions de mesure dans le cas particulier de répartition régulière. Il n'a pas été question de l'incidence de l'hétérogénéité de répartition des cailloux sur la dispersion des mesures, ce qui conduit au nombre de répétitions à effectuer pour obtenir une précision donnée sur un paramètre du sol. On dispose de peu de renseignements à ce sujet, d'autant plus que l'hétérogénéité varie d'une situation à une autre.

Voici un exemple tiré d'une série de prélèvements réalisés dans des essais contigus après avoir éliminé ceux des traitements qui avaient une incidence sur les propriétés de la terre fine. Ces trois essais qui sont placés sur un axe Nord - Sud ont des superficies de l'ordre de 1 000 m^2. La variabilité va être examinée pour chacun de ces trois essais, tous les paramètres concernant le sol n'étant pas identiques d'un essai à l'autre. C'est le cas en particulier des masses volumiques apparentes

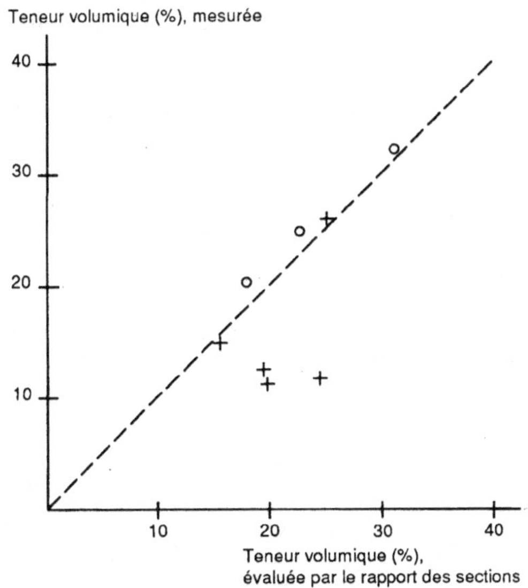

Figure 11 – Comparaison entre les teneurs en cailloux évaluées par le rapport des sections et par mesure directe. D'après données d'EPSTEIN *et al.*, (1966) (°) et de SHIPP et MATELSKI (1965) (+).

de la terre fine et des cailloux (tabl. 6). Le volume apparent du prélèvement a été mesuré avec un voluménomètre à membrane. Comme la masse volumique des cailloux était connue par ailleurs, on a calculé le volume de terre fine par différence.

Tableau 6 – Masses volumiques apparentes de la terre fine et des cailloux (moyennes) dans trois essais contigus.

Essai	Masse volumique apparente de la terre fine $(kg \cdot dm^{-1})$	Masse volumique apparente des cailloux $(kg \cdot dm^{-1})$
a	0,986	2,44
b	0,832	2,40
c	0,948	2,60

Dans le tableau 7 sont donnés les principaux résultats sur les mesures et leur dispersion. Comme il y a plusieurs répétitions, on peut évaluer l'intervalle en dehors duquel la valeur d'*une* mesure n'a qu'une probabilité de 5 % d'apparaître. Par exemple, pour la teneur massique de l'essai « a », les bornes de cet intervalle sont données par 44, 2 ± t σ, t étant le coefficient de Fichier pour (6 1) degrés de liberté et σ l'écart-type ; cela donne comme borne 30,3 et 58,1. Quoiqu'il ne s'agisse en toute rigueur que de la reproductivité d'une mesure, on peut assimiler t σ à l'erreur absolue. Si on considère maintenant *la moyenne* des 6 mesures, l'écart-type est seulement $\sigma/\sqrt{6}$; les bornes de l'intervalle sont alors 38,5 et 49,9.

Tableau 7 – Valeurs moyennes, extrêmes et écarts-types sur une mesure de caractéristiques de sol caillouteux.

Essai	Nombre de mesures	Teneur massique en cailloux (%)		Teneur volumique en cailloux (%)		Masse volumique apparente partielle de terre fine $(kg \cdot dm^{-3})$	
		valeurs	écart-type	valeurs	écart-type	valeurs	écart-type
a	6	min. : 36,8 moy. : 44,2 max. : 52,4	5,43	min. : 18,4 moy. : 24,3 max. : 32,9	5,49	min. : 0,53 moy. : 0,74 max. : 0,85	0,11
b	8	min. : 26,5 moy. : 31,8 max. : 38,5	3,39	min. : 12,3 moy. : 14,1 max. : 16,4	1,25	min. : 0,63 moy. : 0,71 max. : 0,75	0,04
b	10	min. : 37,5 moy. : 44,2 max. : 51,6	3,91	min. : 18,1 moy. : 22,4 max. : 24,2	2,16	min. : 0,63 moy. : 0,73 max. : 0,84	0,06

Le tableau 8 donne les coefficients de variation et les erreurs relatives pour les variables dont les valeurs sont citées dans le tableau.

Tableau 8 – Coefficients de variation et précision sur quelques paramètres.

Essai	Teneur massique en cailloux		Teneur volumique en cailloux		Masse volumique apparente partielle de terre fine	
	CV (% $\overline{x}$)	précision to/$\overline{x}$ (%)	CV (% $\overline{x}$)	précision to/$\overline{x}$ (%)	CV (% $\overline{x}$)	précision to/$\overline{x}$ (%)
a 29	12,2	31,5 [1] 12,90 [2]	22,5	57,9 [1] 5,78 [2]	14,8	38,0 [1] 15,5 [2]
b 34	10,6	25,1 [1] 8,90 [2]	8,80	20,8 [1] 7,3 [2]	5,7	13,4 [1] 4,7 [2]
c 36	8,8	19,0 [1] 6,3 [2]	9,6	21,6 [1] 6,8 [2]	8,0	17,6 [1] 5,56 [2]

1 : précision sur une mesure, 2 : précision sur la moyenne. Les écarts types sont calculés pour une mesure et pour la moyenne de n mesures, n étant le nombre de répétitions.

On peut avec les données précédentes calculer le nombre de répétitions nécessaires pour obtenir une précision donnée, les points de mesure étant localisés dans une zone approximativement carrée de 30 m de côté. On utilise la formule $n = 2\ t^2\sigma^2 / (\Delta x)^2$, Δx étant l'erreur absolue sur une valeur x. Par exemple pour la teneur massique de l'essai « c », une erreur relative de 10 % correspond à une valeur Δx donnée par $\Delta x/x = \dfrac{10}{100} \times 44,2 = 4,42$. Le tableau 9 donne le nombre de répétitions nécessaires pour obtenir une précision donnée. On constate qu'avec trois ou quatre répétitions, on obtient une précision de 15 %, il est prudent de ne pas descendre en dessous de ces nombres. Signalons aussi que la masse volumique apparente des cailloux présente ici une faible variabilité : écart type de 0,036 pour une moyenne de 2,60 ; le coefficient de variation est 1,3 %. Dans ces conditions, il suffit d'une mesure pour obtenir une précision de 5 %.

Si on considère maintenant l'ensemble des trois essais, on constate une variation assez importante (tabl. 7), puisque l'essai « b », situé entre l'essai « a » et l'essai

Tableau 9 – Nombre de répétitions nécessaires pour obtenir une précision donnée sur certaines caractéristiques d'un sol caillouteux. Essai c du tableau 6.

Précision (%)	Teneur massique	Teneur volumique	Masse volumique apparente partielle de terre fine
5	29	34	25
10	7	9	6
15	3	4	3

« c » a des valeurs plus faibles pour les paramètres ayant trait à la teneur en cailloux. Ces différences ne se repercutent pas sur la masse volumique apparente partielle de terre fine, en ce sens que la masse volumique de « b » est seulement légèrement inférieure aux autres, quoiqu'il y ait moins de cailloux. Ceci s'explique par le fait que la masse volumique apparente de la terre fine est la plus faible dans l'essai « b ». Considérons un volume apparent unité de sol en place et des données des tableaux 6 et 7. Pour l'essai « b », le volume de terre fine est $1 - 0,141 = 0,859$, la masse volumique apparente partielle correspondante serait $0,859 \times 0,986 = 0,844 \ kg \cdot dm^{-1}$ avec la masse volumique de l'essai « a » par exemple ; mais comme la masse volumique de la terre fine est seulement 0,832, la masse volumique apparente partielle est seulement $0,859 \times 0,832 = 0,714 \ kg \cdot dm^{-1}$. Ceci illustre l'incidence des propriétés de la terre fine sur la masse volumique apparente partielle de celle-ci.

La variabilité affectant les paramètres dépend évidemment énormément des situations, mais il est prudent de prévoir toujours plusieurs répétitions ou plusieurs évaluations.

Les diverses façons d'accéder *in situ* aux paramètres concernant les sols caillouteux ont été présentées en suivant un ordre de difficultés croissantes tenant notamment compte de la dimension des cailloux. Il va de soi que les méthodes conseillées ne sont pas strictement attachées à telle ou telle situation. Les moyens dont on dispose et le temps que l'on peut passer sur le terrain sont des facteurs essentiels du choix. Par exemple, il n'y a pas d'obstacle à la mesure directe in situ du volume apparent du prélèvement et des masses de cailloux et de terre fine, pour peu qu'on veuille s'en donner les moyens.

Il y a une certaine opposition entre la précision et la durée de réalisation pour les mesures et les évaluations. Les mesures sont en principe plus précises mais demandent plus de temps que les évaluations qui sont généralement moins précises mais permettent d'obtenir plus de répétitions. Il faut être conscient de ceci lorsqu'on choisit un procédé pour obtenir les paramètres des sols pierreux.

Compte-tenu des difficultés attachées à la réalisation des mesures et évaluations, il ne faut pas escompter une grande précision. Une précision relative sur la teneur massique en pierres de 15 % peut être considérée comme très acceptable. Il est préférable de tabler sur une précision de l'ordre de 20 %. Ceci ne doit pas être un prétexte pour ne pas mesurer ou évaluer la teneur en cailloux.

Mesures au laboratoire des caractéristiques des cailloux

Ces mesures concernent la masse volumique apparente et la masse volumique réelle. La masse volumique apparente permet de passer d'une masse de cailloux, facilement mesurable, au volume correspondant. Enfin, la porosité se calcule à partir de ces deux masses volumiques.

Masse volumique apparente

Elle se calcule à partir de la masse du caillou et de son volume apparent. Pour mesurer ce dernier, il faut distinguer deux cas selon que le caillou est poreux ou non poreux.

Pour l'élément grossier *non poreux*, le volume apparent se mesure par déplacement de liquide : l'élément grossier est immergé dans une éprouvette graduée contenant un liquide. La différence de lecture des niveaux d'affleurement du liquide avant et après l'immersion donne le volume de l'élément. On peut aussi utiliser une balance hydrostatique pour mesurer la poussée exercée par l'eau sur le caillou, cette poussée étant égale au poids de l'eau déplacée. En l'absence de mesure, on peut prendre comme valeur de la masse volumique apparente (qui dans ce cas est identique à la masse volumique réelle) celle des matériaux de l'écorce terrestre, $2{,}6 - 2{,}7 \text{ kg} \cdot \text{dm}^{-3}$.

Les deux méthodes précédentes peuvent encore être utilisées lorsque le caillou est *poreux*, s'il a été au préalable saturé d'eau et le reste pendant les manipulations de la mesure. La saturation doit être complète, c'est-à-dire qu'il faut prendre des précautions pour éviter l'emprisonnement d'air lors de l'humectation. Il faut s'assurer aussi que les pores préalablement remplis d'eau ne se vident pas spontanément lors du transfert du récipient d'humectation dans l'éprouvette pour mesurer le volume apparent ; sinon, le volume apparent est sous-estimé d'une quantité égale au volume de ces pores. Cette méthode ne peut donc être utilisée que lorsqu'il n'existe pas de pores larges qui se vident spontanément. L'emploi de liquides non mouillants, mercure par exemple, ne présente pas les mêmes inconvénients. Cependant, le mercure peut pénétrer dans certains pores larges à cause de la pression hydrostatique élevée qu'il exerce. Il est donc préférable d'enduire le caillou d'un film à base de résine pour empêcher les liquides d'occuper une partie de la porosité pendant la mesure.

Masse volumique réelle

C'est le quotient de la masse d'un échantillon par son volume réel, c'est-à-dire par le volume occupé par la phase solide. Lorsqu'un caillou n'est pas poreux, son volume réel n'est autre que son volume apparent et les méthodes décrites pour la mesure du volume apparent sont utilisables. Sinon, le volume réel se mesure sur un échantillon de caillou finement broyé, pour ne pas compter comme volume de solide le volume des pores fermés qui peuvent éventuellement exister. Il est possible d'utiliser un pycnomètre à air ou un pycnomètre à eau. Dans ce dernier cas, il faut éviter que des bulles d'air subsistent après le remplissage du pycnomètre, en opérant sous vide et en chauffant modérément. La mesure doit bien sûr être effectuée après refroidissement à une température voisine de la température ambiante et identique pour toutes les opérations nécessitées par la mesure.

La masse volumique réelle ainsi mesurée, c'est-à-dire après un broyage en fines particules permet d'accéder après un calcul faisant intervenir aussi la masse volumique apparente à la *porosité totale* qui est relative au volume des espaces lacunaires de l'élément sans considérer s'*ils communiquent ou non avec l'extérieur*. En d'autres termes, les pores ouverts ne sont pas distingués des pores fermés. Comme ces derniers n'interviennent pas dans les échanges d'eau et d'air avec l'extérieur, il est nécessaire de les retirer du volume correspondant à la porosité totale pour certaines applications (rétention d'eau...). On utilise alors pour la mesure du volume réel des fragments de matériau et les pores fermés sont comptés comme du solide. On obtient ainsi les valeurs nécessaires pour calculer une masse *volumique pseudo réelle* (GRAS, 1965), qui servira à calculer la *porosité ouverte*. Signalons enfin que les pores fermés doivent être pris en compte pour la transmission de la chaleur.

Porosités

La *porosité totale* P se calcule à partir des masses volumiques apparente et réelle :

$$P = \frac{\text{volume des pores}}{\text{volume total}} = \frac{\text{volume total} - \text{volume réel}}{\text{volume total}}$$

or,   masse = volume total x M_c

= volume réel x M_{rc}

M_c étant la masse volumique apparente et M_{rc} la masse volumique réelle,

on a $P = 1 - \dfrac{M_c}{M_{rc}}$.

La porosité ouverte est le quotient $\dfrac{\text{volume des pores ouverts}}{\text{volume total}}$,

soit $\dfrac{\text{volume total} - (\text{volume réel} + \text{volume des pores fermés})}{\text{volume total}}$

En plus de la relation, masse = vol. total. M_c, on a de même masse = (volume réel + volume des pores fermés) M_{rcp}, M_{rcp} étant la masse volumique pseudo réelle.

Il est bon de vérifier que la porosité totale des cailloux est entièrement ouverte, notamment pour des roches d'origine volcanique.

Des caractéristiques de quelques roches sont données dans le tableau 10.

La connaissance de la répartition des diamètres apparents des pores des pierres poreuses présente un grand intérêt mais ne prend tout son sens que si la même information est disponible pour la terre. Comme ce n'est pas une mesure courante, nous n'en parlerons pas.

Tableau 10 – Caractéristiques de quelques roches constituant les cailloux.

Nature		Masse volumique apparente $(\text{kg} \cdot \text{dm}^{-3})$	Masse volumique réelle $(\text{kg} \cdot \text{dm}^{-3})$	Porosité totale (% de volume apparent)
granite sain	a	-	2,6 - 2,8	0,4 - 1,5
altéré	b	2,35	2,78	16,5
altéré	b	2,17	2,62	17,3
altéré	b	2,19	2,62	16,5
altéré	c	2,30	-	-
syénite	a	-	2,6 - 2,8	-
diorite	a	-	2,8 - 3,0	-
andésite	b	2,05	2,63	28,3
	b	1,71	2,53	41,7
	d	2,24	2,80	20,0
gabbro	a	-	2,8 - 3,1	-
basalte sain	a	-	2,95 - 3,0	0,2 - 0,8
altéré	b	1,75	2,60	37,1
altéré	b	2,14	2,66	23,3
pouzzolane	d	1,12	3,35	64,6
pierre ponce	d	0,61	2,44	75
	b	1,11	2,33	52,2
tuf volcanique	a	0,80 - 2,00	-	-
grès	a	-	2,8	-
grès	a	-	2,6 - 2,65	0,4 - 1,3
grès	a	2,00	2,65	0,5 - 24
grès	e	2,07	-	-
grès	e	2,35	-	-
brèche	b	2,10	2,64	25,6
brèche	b	1,74	2,56	47,5
tuf et brèche	b	1,46	2,51	58,1
tuf et brèche	b	1,72	2,64	40,4
calcaire compact.	a	-	2,65 - 2,85	0,4 - 1,8
calcaire friable	a	1,70	2,60	0,5 - 2,5
craie	d	1,59	2,73	43,6
calcaire mal défini		2,16	2,76	21,8
travertin	a	-	2,4 - 2,5	4 - 10
gneiss	a	-	2,65 - 3,0	-
schiste altéré	c	2,14	-	-

a : BORNER, 1952 - b : FLINT et CHILDS, 1984a - c : DEFFONTAINES et GRAS, 1968 - d : GRAS, 1971 - e : HANSON et BLEVINS, 1979.

Incidences des cailloux
sur la
production végétale

3.

Incidences directes des cailloux sur la culture des plantes

Les cailloux peuvent avoir sur la plante des effets que l'on peut qualifier de mécaniques : lésions sur certaines parties, gène au développement, pendant tout ou partie de la durée de la plante, de la mise en place de la graine (ou de la bouture) à la récolte. Ces effets, qu'ils soient visibles comme des lésions ou qu'ils s'appréhendent facilement comme une gêne à la récolte, sont qualifiés de directs, parce qu'ils tombent facilement sous le sens. Il en est de même de la diminution de la quantité de terre fine dans l'unité de volume apparent de sol en place, dont nous examinerons les effets par la suite.

Effets mécaniques

Avant de décrire les effets sur les plantes, nous examinerons comment le travail du sol peut être affecté par la présence de pierres.

Préparation du sol (LUTZ, 1952)

Les cailloux existant en surface ou dans la couche arable interfèrent avec pratiquement toutes les opérations de travail du sol.

Le labour est difficile, en particulier parce qu'on ne peut maintenir le soc à la même profondeur. Il est plus facile de labourer avec une charrue à disques, sans que cela améliore sensiblement la qualité du travail.

Préparer correctement un lit de semence pose des problèmes, parce qu'on ne peut briser les agrégats plus petits que les cailloux, inconvénient particulièrement grave si ces derniers sont assez gros.

Lors du semis, il est difficile de placer les graines à la profondeur voulue, les cailloux soulevant les organes de placement de graines des semoirs en ligne.

Ajoutons que pour ce qui est du matériel aratoire lui-même, la présence de quantités appréciables de cailloux augmente son usure par abrasion et aussi par les vibrations imposées à l'outil, par l'intermédiaire soit des roues, soit des pièces travaillantes. L'usure dépend de la dureté des cailloux et aussi de leur forme (arrondie, anguleuse).

Croissance, développement des plantes et récolte (LUTZ, 1952)

La présence de cailloux empêche de mettre en terre les graines à la même profondeur, il en est de même pour les boutures. Lorsque la graine se trouve sous une pierre, sa germination est gênée, la plantule devant parvenir à l'air libre pour devenir active. En général, les plantules de la plupart des plantes cultivées meurent lorsqu'elles germent sous un caillou de 5 à 7 cm de diamètre. La levée est donc réduite et, malgré des phénomènes de compensation (tallage), la production est affectée.

Si une fois la culture installée il n'est pas nécessaire d'entretenir le sol, les cailloux n'ont pas d'autres conséquences néfastes. Cependant, si des véhicules doivent passer dans le champ (désherbage, traitements divers), des plantes peuvent être endommagées à l'endroit du passage des roues qui modifient la position des cailloux dans le sol et à sa surface.

Si la plante est sarclée, à l'inconvénient relativement mineur précédent, s'ajoute celui résultant du passage des bineuses qui poussent les pierres contre les plantes ou les font rouler sur celles-ci. Il peut même être impossible de maintenir la culture propre sans détruire une partie des plantes cultivées.

D'après ASHBY *et al.* (1984), le volume de terre fine utilisé par les racines n'est pas réduit par la présence d'éléments grossiers, l'épaisseur de sol exploitée par les racines étant augmentée. Ceci ferait plus que compenser la diminution de la masse de terre fine par unité de volume de sol en place. Sur des profils de sol plantés en pêchers, les racines sont plus nombreuses dans les parties de sol où les éléments grossiers sont abondants (MAGIER et RAVINA (1984). Plusieurs raisons expliquent ces constatations. La structure de la terre fine est meilleure dans les zones où les cailloux sont nombreux, ce qui faciliterait le développement des racines. Les cailloux sont des obstacles mécaniques imposant aux racines des changements de direction qui s'accompagnent souvent dans la zone de contact caillou terre fine de l'émission de radicelles qui peuvent même former un «mat» autour des pierres. Cette ramification des racines facilite leur répartition plus régulière dans la terre fine. Signalons aussi que lorsque les cailloux sont poreux, soit naturellement, soit à la suite de l'altération de roches dures, ils peuvent fournir un habitat pour les radicelles.

Les cailloux peuvent intervenir au moment de la récolte d'une façon générale en soumettant les machines à plus de vibrations. La présence de cailloux peut même interférer avec la récolte mécanique des tubercules (pomme de terre) en les blessant. De plus, lorsque les tubercules et les cailloux ont des dimensions analogues, ceux-ci sont retenus au même titre que les tubercules sur les cribles qui les séparent de la terre. SAINI (1970) écrit que l'épierrage réduisant cet inconvénient s'accompagne d'une baisse de rendement, ce qui illustre bien la complexité de l'analyse des effets des cailloux.

Les inconvénients précédents sont plus ou moins marqués selon la quantité de pierres, leurs dimensions et leur forme. On peut avoir des situations où les cailloux ne constituent pas une gêne parce qu'ils sont en faible quantité et d'autres situations où certaines cultures sont quasi impossibles sans épierrage.

Conséquences de la présence de cailloux sur la culture des différentes catégories de plantes

Les considérations précédentes concernent les plantes herbacées. Il va de soi que les inconvénients d'origine directe sont infiniment moindres pour les plantes ligneuses ou semi ligneuses tant au moment de la mise en place de la bouture ou de la graine que lors de l'entretien du sol. On a vu que c'est dans ce groupe de plantes que les effets négatifs qui ne sont pas forcément tous d'origine directe apparaissent avec le moins de fréquence.

Dans la catégorie des plantes herbacées, les effets négatifs directs seraient moindres pour les plantes prairiales, en partie parce que les inconvénients apparaissent seulement lors de la phase d'installation. Si celle-ci s'est effectuée correctement, il n'y a plus guère d'action directe des cailloux pendant toute la durée de la culture. De fait, sur les statistiques peu étendues dont on dispose, la proportion des cas pour lesquels la production diminue est plus faible pour les plantes prairiales (tableau 2, influence globale des cailloux sur la production végétale).

Dilution de la terre fine

La présence de pierres réduit la quantité de terre fine qui existe dans l'unité de volume de sol en place, la terre fine étant en quelque sorte diluée. Or, le milieu dans lequel se développent les racines est la terre fine qui fournit l'eau et les éléments nutritifs nécessaires à la plante. Il en résulte pour une épaisseur donnée de sol une diminution de la quantité d'éléments nutritifs (au sens large) disponible par unité de surface de champ.

Calcul de la dilution

Il s'agit de déterminer le volume de terre fine en fonction de la teneur volumique en cailloux C_v. Pour le volume apparent unité de sol en place, la réduction du volume de terre fine est $1 - C_v$. Dans un monolithe de sol, de surface S et de profondeur E et donc de volume SE, le volume de terre fine est SE $(1- C_v)$. La masse de terre fine correspondante est :

M_t SE $(1 - C_v)$, M_t étant la masse volumique apparente de la terre fine.

Cette réduction de la quantité de terre fine a des incidences dans le domaine de la nutrition minérale et de l'alimentation hydrique. Elle n'est pas sans conséquence sur les apports d'amendements destinés à améliorer les propriétés physiques de la terre fine.

Influence sur la nutrition minérale

L'effet de dilution de la terre fine par les pierres est généralement peu perçu, parce qu'au lieu de calculer des quantités d'éléments nutritifs disponibles sur la masse de sol en place correspondant à une certaine épaisseur, on considère seulement la concentration en éléments de la terre fine. Cette attitude suppose implicitement que la masse de sol exploitable par les racines varie peu d'une situation à une autre, ce qui postule l'invariance de la profondeur de sol exploitée et de la masse volumique apparente de la terre fine.

Pour un élément nutritif existant dans la terre fine avec la teneur f (%), la quantité disponible en l'absence de cailloux est pour le monolithe $\frac{f}{100}$ M_t. SE. Avec des cailloux, cette expression se modifie en $\frac{f}{100}$ M_t SE $(1 - C_v)$.

Pour disposer en sol caillouteux de la même quantité d'éléments disponibles qu'en sol non caillouteux, la teneur f′ de la terre fine devrait être telle que :

$$\frac{f'}{100} M_t \text{ SE } (1 - C_v) = \frac{f}{100} M_t \text{ SE, soit } f' = f / (1 - C_v) \, .$$

Mais la présence des cailloux intervient aussi sur la dynamique des éléments nutritifs. Pour les éléments échangeables qui sont fixés réversiblement sur l'argile et l'humus, la quantité d'un élément qui peut être fixée est moindre en sol caillouteux du fait de la dilution de la terre fine ; ceci peut conduire à modifier les apports d'engrais, qui devraient être moins abondants et plus fréquents. Il faut remarquer aussi qu'à apports identiques d'engrais par unité de surface, le relèvement de teneur sera plus important en présence de cailloux. Dans le cas d'éléments rétrogradables, comme le potassium, l'assimilabilité pourrait être augmentée.

On a fait jusqu'à maintenant l'hypothèse que les cailloux ne pouvaient fournir aucun élément nutritif. Mais il n'en est pas toujours ainsi, puisque des éléments nutritifs existent dans des minéraux constituant certaines roches : potassium pour les micas et certains feldspaths des granites, des gneiss et de certains schistes ; calcium et magnésium dans les pyroxènes et peridots des basaltes et gabbros. A la suite de l'altération de ces minéraux sous l'influence de facteurs climatiques, des éléments chimiques deviennent utilisables pour les plantes (cf. p. 22). Ils peuvent passer dans la terre fine et intervenir alors par son intermédiaire sur la nutrition minérale.

Une autre voie est l'absorption directe de l'élément nutritif (non assimilable d'après les analyses) par les radicelles au contact des cailloux. HINSINGER *et al.* (1991) ont montré expérimentalement que les racines ont ainsi extrait en un mois des quantités appréciables de potassium d'un mica (phlogopite), cette absorption de potassium provoquant une altération (vermiculitisation) du mica. Dans les mêmes conditions, du magnésium a été extrait du pyroxène.

Le sens de l'effet global des éléments grossiers sur la nutrition des plantes dépend de l'importance relative de ces deux actions : fourniture d'éléments nutritifs par les cailloux, dilution de la terre fine.

Influence sur les apports d'amendements

Comme pour les éléments nutritifs, les apports d'amendements ne concernent que la terre fine. Une moindre quantité d'amendements sera nécessaire en sol caillouteux pour obtenir la même teneur qu'en sol sans cailloux. Si on veut obtenir la même teneur, les apports doivent être réduits ainsi : Un apport A par unité de surface donne en l'absence de cailloux une teneur A / M_t SE (% de terre fine), en l'absence de cailloux. Si on veut obtenir la même teneur en présence de cailloux, on apporte la quantité A′ telle que :

$$\frac{A'}{M_t \; SE \; (1 - C_v)} = \frac{A}{M_t \; SE} \; , \quad A' = A \; (1 - C_v) \; .$$

La dose devra être réduite dans la proportion $1 - C_v$.

Si on ne tient pas compte des cailloux pour calculer la masse de terre fine, ils ont une incidence sur les bilans de matière organique. Pour un bilan conduit en kg/ha d'humus et d'amendement, prendre par exemple en sol caillouteux la valeur trop forte de 3 000 t de terre revient à surestimer la quantité d'humus et donc le rendement en humus de l'amendement. Par exemple, pour un bilan tel que celui de HENIN et DUPUIS (1945), le coefficient isohumique est alors surestimé.

Influence sur la quantité d'eau disponible

L'effet de dilution des pierres dans ce domaine a été pris en compte par BOURRIER (1959). La quantité d'eau retenue est réduite dans la proportion $1 - C_v$, comme pour les éléments nutritifs, en admettant, ce qui n'est pas toujours exact, que les cailloux ne sont pas poreux. La quantité d'eau Q retenue dans un volume de sol de section horizontale unité et d'épaisseur E à la capacité au champ volumique C_s est $Q = C_s \cdot E$ ou $Q = C_t \cdot M_t \cdot (1 - C_v) \, E = C_t \cdot M_{pt}$. E, C_t étant la capacité au champ massique de la terre fine, M_t sa masse volumique apparente et M_{pt} sa masse volumique apparente partielle. Par ailleurs, en présence de cailloux, une même quantité d'eau humecte une épaisseur plus grande de sol sec, ce qui soustrait une plus grande fraction de cette quantité d'eau à l'évaporation directe par la surface.

Le fait qu'une épaisseur donnée de sol retienne moins d'eau en présence de cailloux non poreux a aussi une conséquence sur l'entraînement par l'eau des éléments solubles, tels que les nitrates. La formule de déplacement de ROUSSELLE (1913) et BARBIER (1968) : $z = I/C_s$ fait intervenir la capacité au champ volumique C_s et l'eau infiltrée I pour calculer la *cote de concentration maxima z* en nitrate. Les cailloux interviennent sur le terme C_s en le diminuant, ce qui augmente la cote z par rapport à un sol sans cailloux. Il en résulte que la même quantité d'eau infiltrée entraînera plus profondément le soluté. La diminution par les pierres non poreuses de la capacité au champ volumique a également une incidence lorsque le sol est utilisé comme système épurateur. Les doses d'apport d'eau usée devront être réduites sous peine de voir une partie de celle-ci traverser le profil avant d'avoir été épurée.

Mais certains éléments grossiers peuvent retenir de l'eau comme on le verra par la suite. Dans ce cas, leur effet sur la réserve en eau est la résultante d'un effet négatif provenant de la dilution de la terre fine et d'un effet positif, la rétention d'eau dans les cailloux eux-mêmes.

Si on élargit le problème à l'alimentation en eau de la plante, les cailloux peuvent avoir des effets positifs qu'on analysera par la suite : amélioration éventuelle de la structure favorisant l'infiltration de l'eau et l'exploitation du sol par les racines, effet de couverture réduisant l'évaporation.

Dans le domaine de l'alimentation en eau des plantes, les influences peuvent être aussi bien négatives que positives et le sens de l'effet global dépend de l'importance relative des divers effets.

4.

Cailloux et structure de la terre fine

A partir de ce chapitre, nous abordons l'exposé des modifications qui, apportées au sol par la présence des cailloux, peuvent avoir un effet indirect sur les plantes qui y poussent.

On dispose de peu de renseignements précis sur une éventuelle influence favorable des éléments grossiers sur la structure de la terre fine.

Pour interpréter les influences globales favorables des cailloux, certains auteurs invoquent entre autres raisons une diminution de la compacité de la terre (LUTZ et CHANDLER, 1946 - HUBERTY, 1944). Ces opinions sont rarement accompagnées de valeurs chiffrées des paramètres caractérisant la structure de la terre fine.

MAGIER et RAVINA (1984) ont observé *in situ* que les éléments structuraux étaient plus petits et plus friables lorsque la quantité de cailloux était élevée.

Quelques rares travaux mettent en correspondance teneur en éléments grossiers et masse volumique apparente de la terre fine. FLINT et CHILDS (1984b) ont mesuré des masses volumiques de terre fine de 0,97 et 1,04 kg $\cdot$ dm^{-3} pour des teneurs volumiques en cailloux de l'ordre de 20 %. D'après CUNNINGHAM et MATELSKY (1968), lorsque la teneur massique en pierres augmente de 44 % à 51 %, la masse volumique apparente de la terre fine présente une certaine décroissance et, aux alentours de 50 %, ces masses volumiques se trouvent dans la gamme 1,10 – 1,30 kg $\cdot$ dm^{-3}, ce qui est relativement bas. En prenant pour masse volumique apparente respective de la terre fine et des pierres 1,3 kg $\cdot$ dm^{-3} et 2,6 kg $\cdot$ dm^{-3}, la gamme de variation des teneurs volumiques se situerait entre 28 et 34 %. Dans une autre situation, pour des teneurs volumiques en cailloux de l'ordre de 20 %, les masses volumiques apparentes de la terre fine d'un sol argileux calcaire sont souvent inférieures à 1 ou très voisines de 1 pour des sols de teneurs moyennes en matière organique. RAVINA et MAGIER (1984) rapprochent les densités apparentes de sols caillouteux de désert à texture sableuse. Les sols étudiés par RUSSO (1983) ont des masses volumiques apparentes de 1,20 kg $\cdot$ dm^{-3} pour des teneurs massiques en cailloux de 56 à 70 % tandis que MEHUYS *et al.* (1973) font état de masses volumiques plus élevées de 1,50 à 1,68 kg · dm^{-3} avec des teneurs massiques beaucoup plus faibles de 27 à 33 % seulement.

MAGIER et RAVINA (1984) ont précisé par des mesures *in situ* l'influence de la teneur en cailloux sur la structure de la terre fine de sols argileux. Pour un sol peu caillouteux et un sol très caillouteux, ils comparent les courbes de porosité à l'air, c'est-à-dire les courbes donnant la fraction du volume total occupée par l'air après saturation et ressuyage à des succions matricielles croissantes (fig. 12). La porosité à l'air du sol très caillouteux est toujours au-dessus de celle du sol peu caillouteux, la différence étant de l'ordre de 5 % du volume total. Ils montrent aussi que la porosité à l'air à la capacité au champ augmente en fonction de la teneur volumique en cailloux (fig. 13). Ils séparent par tamisage à sec les petits agrégats (1,68 à 6,35 mm) des agrégats plus grossiers (> 12 mm) pour des sols dont les teneurs massiques en cailloux croissent de 20 à 60 % : la quantité de petits agrégats augmente avec la teneur en cailloux (fig. 14), tandis que c'est l'inverse pour les agrégats plus grossiers. Ces auteurs ont trouvé une liaison positive entre la circonférence de troncs de pommier et la quantité de petits agrégats. La stabilité structurale n'est pas modifiée par la présence de pierres, ce qui indique qu'elles n'interviennent pas par l'intermédiaire de l'état physico-chimique du sol mais par voie mécanique.

RAVINA et MAGIER (1984) ont poursuivi les études précédentes avec des sols caillouteux reconstitués en laboratoire. Ils ont préparé des mélanges d'agrégats de terre de dimensions 1,68 à 9,52 mm et de cailloux de 2 à 5 cm, les teneurs massiques de ces derniers étant 0 – 0,2 – 0,45 et 0,65. Après humectation, puis dessi-

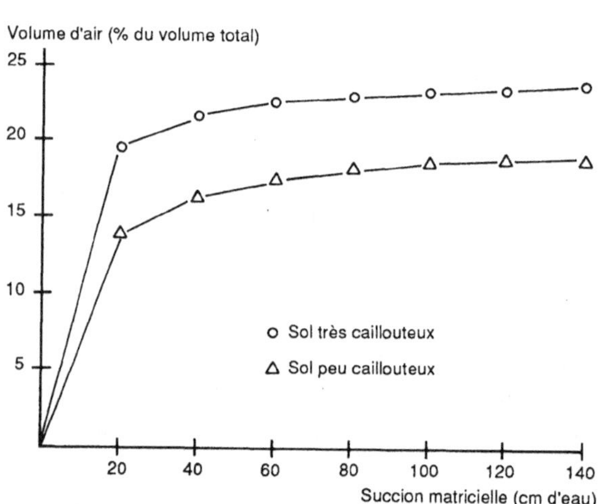

Figure 12 – Porosité à l'air et succion matricielle. Sol très caillouteux et sol peu caillouteux. (MAGIER et RAVINA, 1984).

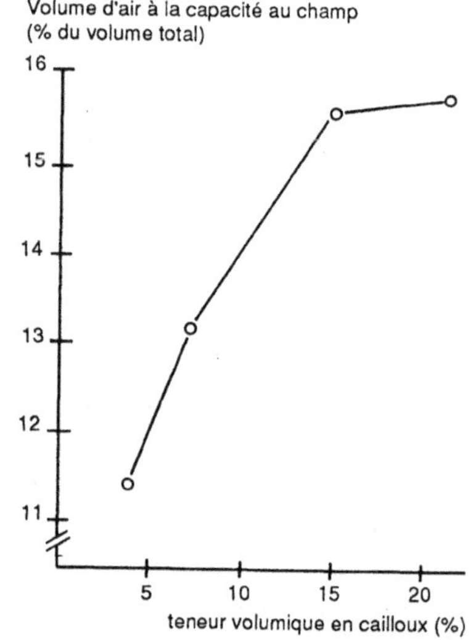

Figure 13 – Porosité à l'air à la capacité au champ et teneur volumique en cailloux. D'après MAGIER et RAVINA, (1984), modifié.

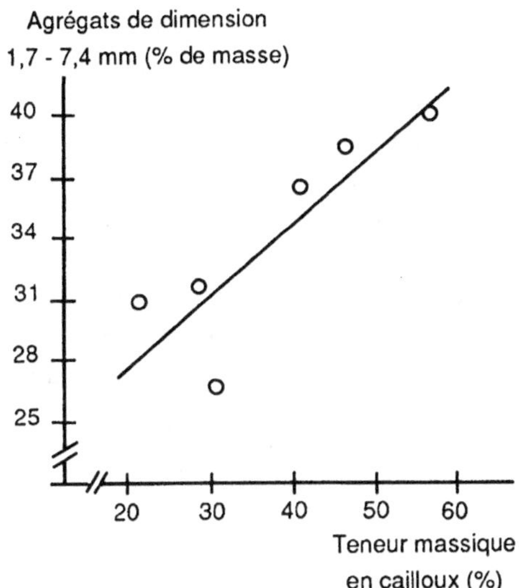

Figure 14 – Proportion de petits agrégats et teneur massique en cailloux (MAGIER et RAVINA, 1984). Le coefficient de corrélation de 0,82 est significatif au seuil 5 %.

cation jusqu'à une humidité volumique de la terre fine de 0,45, chaque échantillon était soumis à une pression de 0,38 bar puis le tassement mesuré ; le tassement diminue lorsque la teneur en cailloux augmente (fig. 15a). Avec un autre mélange (agrégats de 0,4 à 2,8 mm et cailloux de 0,7 à 1,3 cm) ils ont obtenu le même résultat (fig. 15b).

L'ensemble de ces résultats se traduit par une régression linéaire significative entre le tassement relatif e_r (quotient du tassement d'un échantillon avec cailloux par le tassement e_o du même sol qui en est dépourvu) et la teneur massique en cailloux

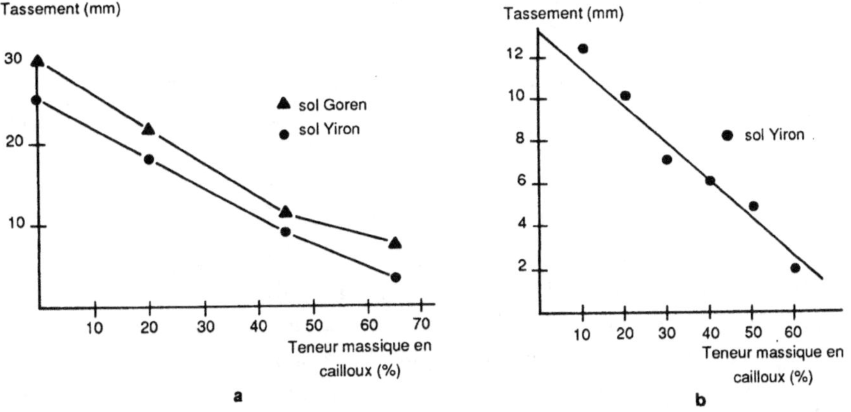

Figure 15 – Tassement et teneur massique en cailloux. RAVINA et MAGIER, 1984. a) Echantillons de 13,6 cm de diamètre et de 21 cm de hauteur initiale préparés avec des agrégats de 1,68 à 9,52 mm et des cailloux de 2 à 5 cm. b) Echantillons de 6,3 cm de diamètre et de 2,1 cm de hauteur préparés avec des agrégats de 0,4 à 2,8 mm et des cailloux de 0,7 à 1,3 cm.

C_m : $e_r = 1 - 1,33\ C_m$, taux d'explication de 0,966. D'après cette équation, à un tassement relatif nul correspond une teneur massique telle que $0 = 1 - 1,3\ C_m$, soit C_m : $1/1,33 = 0,75$. Tout se passe comme si lorsqu'on atteint une teneur en cailloux limite, il n'y avait plus de réduction du tassement. On peut préciser ceci en représentant le tassement en fonction de la teneur volumique en cailloux C_v. (fig. 16). Celui-ci diminue et tend à s'annuler au voisinage d'une teneur volumique de 0,5. On peut tenter d'interpréter cela en considérant un modèle simple de sol caillouteux : éléments sphériques en arrangement cubique, les espaces entre eux étant occupés par de la terre fine (cf. p. 31). La fraction du volume apparent occupée par les cailloux est de 0,48, et la fraction de volume occupée par la terre est 0,52, ce qui correspond à peu près à une teneur en cailloux volumique de l'ordre de 0,5. Si on applique en surface une contrainte sur un tel sol, celle-ci sera supportée par les éléments grossiers qui sont jointifs et la terre fine ne sera pas tassée.

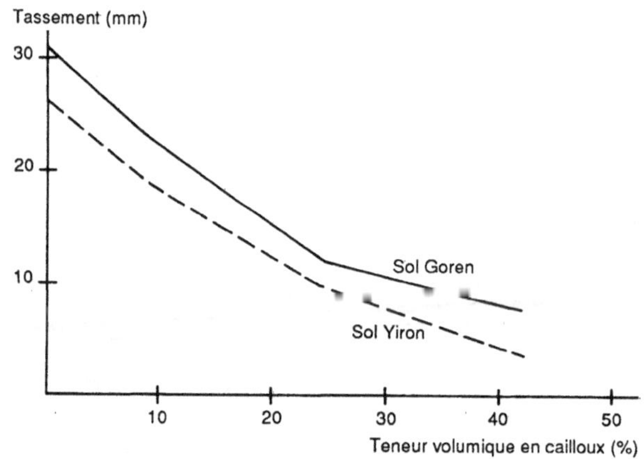

Figure 16 – Tassement et teneur volumique en cailloux pour deux sols reconstitués.
Etabli d'après les graphiques et données de RAVINA et MAGIER, 1984.

Avec les masses volumiques de la terre fine et des cailloux des expériences déjà citées, on peut calculer les teneurs massiques correspondant à une teneur volumique de 0,5 :

$$\frac{0,5 \times 2,51}{0,5 \times 2,51 + 0,5 \times 0,98} \quad \text{et} \quad \frac{0,5 \times 2,36}{0,5 \times 2,36 + 0,5 \times 0,98},$$

ce qui donne respectivement des teneurs massiques de 0,718 et 0,706. Il semble donc que lorsque la teneur en cailloux atteint l'ordre de 50 % en volume ou de 70 % en masse, leur présence ne réduit plus le tassement, puisque la quantité de cailloux est telle qu'ils constituent un réseau continu qui supporte la totalité des contraintes appliquées en surface.

La figure 17 représente les variations de certains des paramètres mesurés au cours de l'expérience précédente en fonction de la teneur volumique en éléments grossiers. L'augmentation du taux de cailloux s'accompagne d'une diminution de la

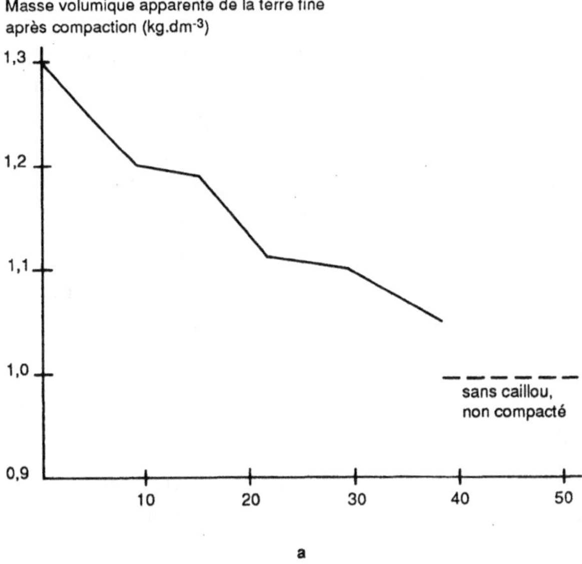

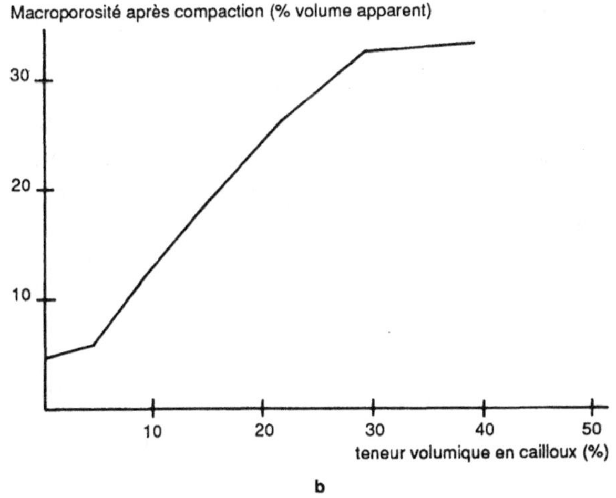

Figure 17 – Paramètres de la structure de la terre fine exprimés en fonction de la teneur volumique en cailloux. Etabli d'après les graphiques et données de RAVINA et MAGIER, 1984. a : masse volumique apparente, b : volume des pores de diamètre supérieur à 150 µm (macroporosité).

masse volumique apparente de la terre fine après tassement et d'une augmentation du volume de ses pores de diamètre supérieur à 20 µm et de diamètre supérieur à 150 µm (macroporosité).

Les résultats précédents concernent des sols argileux et on ne dispose pas d'études équivalentes pour les sols sableux. Il est vraisemblable que des effets analogues se produisent mais avec des intensités différentes, le tassement du sable résultant d'un arrangement différent de ses grains et non d'une déformation des agrégats.

D'après SAINI et GRANT (1980), la compaction d'un sol limoneux réalisée au laboratoire dans un cylindre diminue lorsque la quantité d'éléments grossiers (10, 20 et 30 % en masse) augmente et d'autant plus que leur dimension est plus petite. Pour des éléments de 2,5 à 3,8 cm, la masse volumique apparente après compaction passe de 1,50 kg/dm^3 pour une teneur massique en cailloux de 10 % à 1,46 lorsque cette teneur est de 30 % ; avec des cailloux de dimension 0,6 à 1,3 cm les valeurs correspondantes sont 1,48 et 1,38. On remarquera que, à taux de pierre constant, la réduction de leurs dimensions augmente leur nombre et améliore leur répartition dans la terre fine.

Un autre effet distinct du précédent est invoqué par HENIN *et al.* (1969). Les cailloux créent des discontinuités tendant à augmenter la fissuration des terres argileuses et à réduire leur cohésion.

Toutefois, certains horizons très caillouteux, généralement profonds, sont très compacts sans qu'on puisse en fournir une explication. Ces horizons sont très mal exploités par les racines.

En définitive, la terre fine est généralement moins tassée en présence de pierres. L'intensité de cet effet augmente jusqu'à une teneur volumique de l'ordre de 50 % pour laquelle les cailloux formeraient un réseau continu supportant seul les contraintes appliquées. En-dessous de cette teneur limite, les éléments grossiers pourraient atténuer la propagation des contraintes. Le fait que la structure soit meilleure en présence de cailloux ne résulte vraisemblablement pas d'une amélioration mais d'une réduction des dégradations provenant des contraintes appliquées au sol. Dans les sols présentant un certain retrait, les éléments grossiers faciliteraient la fissuration du sol.

5.

Cailloux et température du sol

Les propriétés thermiques du sol et par voie de conséquence son régime de température peuvent être modifiés par les cailloux, parce que leurs propriétés sont différentes de celles de la terre fine. Rappelons que les propriétés thermiques sont la *conductivité thermique* et la *chaleur spécifique* qui interviennent conjointement sur la température du sol. En effet, pour un volume élémentaire de sol (fig. 18), la différence entre les flux de chaleur à l'entrée et à la sortie permet d'élever la température du volume considéré. Or, la conductivité thermique λ intervient dans le flux de chaleur, tandis que la capacité calorifique, produit du volume par la chaleur spécifique c influe sur l'échauffement. L'analyse du phénomène est traduite

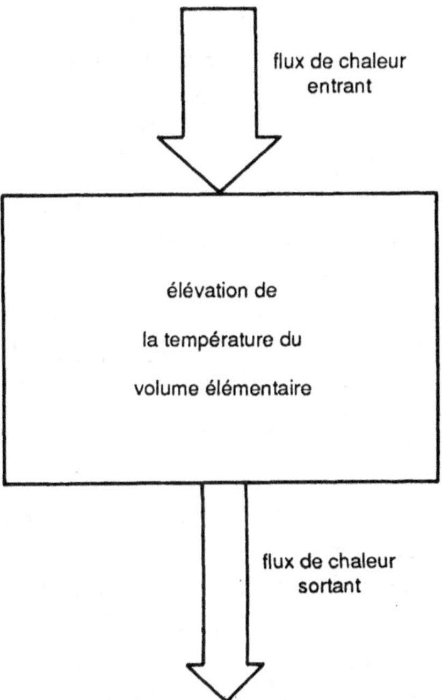

Figure 18 – Echauffement d'un volume élémentaire de sol.

par l'équation aux dérivées partielles de FOURIER qui relie la température θ au temps t et à une coordonnée d'espace x :

$$\frac{\partial \theta}{\partial t} = \frac{\lambda}{c}\, \frac{\partial^2 \theta}{\partial x^2}$$; on y voit apparaître le rapport λ/c appelé *diffusivité*.

D'après cette équation, la variation de température dans le temps $\partial\theta/\partial t$ est d'autant plus rapide que pour une valeur donnée de $\partial 2\theta/\partial x^2$, le rapport λ/c est plus grand. L'échauffement ou le refroidissement plus ou moins rapide du sol est donc sous la dépendance de la diffusivité. En d'autres termes, un sol est d'autant plus sensible aux variations de température que sa conductivité thermique sera plus élevée et sa chaleur spécifique plus faible. La diffusivité qui s'apparente à la viscosité des fluides dont elle a d'ailleurs la même dimension, est inversement proportionnelle à l'inertie du sol vis-à-vis des changements de température. Même si on doit analyser séparément ses deux composantes, c'est la diffusivité qui sera utilisée pour juger des effets des cailloux sur la température du sol. En fait, l'analyse précédente concerne uniquement les transferts de chaleur par la phase solide du sol et par les phases gazeuses et liquides supposées stationnaires. Ces phases se déplacent sous l'influence de gradients thermiques notamment, ce qui aboutit à des transferts de chaleur par convection.

La phase gazeuse qui s'échauffe rapidement à cause de sa faible chaleur spécifique se déplace facilement sous l'influence de la convection. Les flux de chaleur correspondants sont cependant peu importants à cause de la faible chaleur spécifique des gaz.

L'eau non saturante se déplace aussi en masse sous l'influence de gradients thermiques affectant son potentiel par l'intermédiaire de la tension superficielle ; les déplacements correspondants sont cependant lents. Le flux de chaleur le plus important provient du transfert de chaleur latente au cours du cycle vaporisation de l'eau (absorbant de la chaleur), mouvement de vapeur d'eau par convection ou diffusion, condensation de la vapeur d'eau (libérant de la chaleur). Dans les mesures de conductivité, il est très difficile de séparer les flux de chaleur provenant de la conduction proprement dite de ceux qui ont pour origine les mouvements et changements d'état de la vapeur d'eau. De fait, on accède à une *conductivité apparente* (de VRIES, 1963), qui entre dans le calcul d'une diffusivité apparente. Comme les mesures de *conductivité réelle* et les calculs correspondants de diffusivité réelle sont très peu nombreux, il ne sera question ici que des valeurs apparentes.

Dans une première partie, seront présentées les constatations faites *in situ* et les résultats d'expériences concernant les effets des cailloux sur la température du sol. A part des effets globaux sur les cultures attribués à des modifications de température provoquées par les cailloux, les données sur l'influence des cailloux sur les caractéristiques du sol et sur sa température sont rares. Elles comprennent également rarement des éléments de caractérisation des cailloux (masse volumique, caractéristiques thermiques, nature des roches constituantes, altération...) et des données sur les teneurs en cailloux du sol qui permettraient de valoriser ces résultats.

L'interprétation des constatations précédentes et l'élaboration d'un schéma général des effets des cailloux sur la température du sol nécessitent l'explication des mécanismes mis en jeu à la lumière des caractéristiques thermiques comparées de la terre et des roches constituant les cailloux. Les modifications des propriétés thermiques causées par les changements d'humidité sont obligatoirement à prendre en compte pour la terre fine et pour les cailloux si ceux-ci sont poreux.

Il n'existe pratiquement pas d'étude expérimentale en laboratoire sur le sujet, compte-tenu vraisemblablement des difficultés de reconstitution de sols caillouteux. En fait, des raisonnements simples rendent souvent compte qualitativement des principales constatations.

La chaleur spécifique d'un sol caillouteux se calcule par la moyenne pondérée des chaleurs spécifiques des cailloux et de la terre fine. Dans le cas de la conductivité par contre, on doit se référer à des approches théoriques issues de secteurs de la physique tels que l'électricité ou le magnétisme.

D'une façon générale, on considérera toujours deux cas, selon que les cailloux ne sont pas ou sont poreux.

Constatations *in situ* et résultats d'essais

On présentera ici les rares résultats disponibles concernant les caractéristiques thermiques (conductivité thermique, capacité calorifique, diffusivité) et la température du sol en l'absence et en présence de cailloux.

Conductivité thermique d'un sol en place

GHUMAN et LAL (1958) comparent les conductivités d'un sol caillouteux, vraisemblablement un limon sableux, tamisé à 2 mm et à 1 cm. La conductivité est légèrement supérieure en présence d'éléments grossiers tant que l'humidité du sol reste au-dessous de 8 % en volume ; au-delà de cette humidité, la conductivité est plus basse pour le sol contenant plus d'éléments grossiers. Une mesure de conductivité effectuée *in situ* avec une humidité volumique de 11 % confirme ce dernier résultat. Il semblerait que dans cette situation lorsque le sol considéré est sec, la présence d'éléments grossiers relèverait un peu la conductivité. Par la suite, la conductivité de la terre fine augmentant avec l'humidité, la présence de cailloux non poreux diminuerait la conductivité du sol.

FLINT et CHILDS (1987) donnent des conductivités globales du sol assorties non de la teneur en cailloux mais de la masse volumique apparente totale qui lui est proportionnelle. Comme il s'agit vraisemblablement de cailloux non ou peu poreux, on peut supputer, en admettant pour la masse volumique de la terre 1,4 kg $\cdot$ dm^{-3}

et pour celle des cailloux 2,7 kg · dm^{-3}, que la teneur volumique en cailloux varie dans le profil de 0 à 20 %. La figure 19a donne les variations de conductivité sur un profil à deux époques de l'année, l'une humide, le taux d'humidité volumique de la terre fine variant de 19 à 25 % et l'autre sèche, cette humidité variant de 6 à 8 %. Les effets des cailloux sont différents. En période sèche (août), la conductivité croît régulièrement avec la profondeur, la roche non poreuse étant plus conductrice que la terre. En période humide, ces effets sont moins nets, la conductivité variant peu et de façon irrégulière avec la profondeur.

Chaleur spécifique d'un sol en place

Dans l'article de FLINT et CHILDS (1987) déjà cité, des profils de chaleur spécifique sont calculés en faisant la somme des capacités calorifiques des divers constituants (fig. 19b). En période humide, aussi bien qu'en période sèche, la chaleur spécifique croît avec la teneur en cailloux mais beaucoup moins rapidement lorsque le sol est humide. Les auteurs signalent qu'en période sèche l'augmentation de chaleur spécifique due aux cailloux est directement liée à leur masse volumique apparente élevée, la masse volumique réelle des particules constituant le sol et les cailloux étant la même. Cet effet est en partie masqué lorsque le sol est humide, puisque la capacité calorifique de la terre fine est plus grande à cause de la chaleur spécifique élevée de l'eau retenue dans ses pores.

Diffusivité d'un sol en place

FLINT et CHILDS (1987) calculent la diffusivité à partir de ses composantes. En période humide, la diffusivité est constante sauf pour la couche la plus profonde (0,24 à 0,44 m). Par contre, en période sèche, la diffusivité croît régulièrement avec la profondeur (fig. 19c). Ces faits s'interprètent d'après les variations de

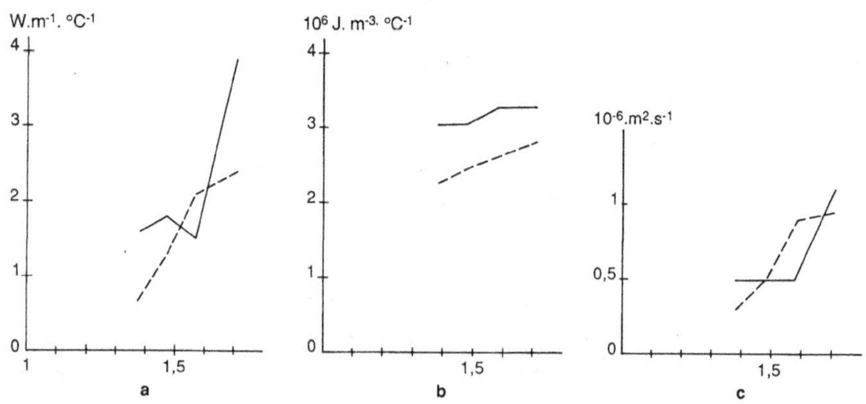

Figure 19 – Caractéristiques thermiques d'un sol caillouteux et masse volumique sèche du sol en place. D'après FLINT et CHILDS, 1987.
a : conductivité, b : chaleur spécifique, c : diffusivité. Sol humide (21 avril 1983) : trait plein. Sol sec (21 août 1983) : tireté.

valeur des deux composantes de la diffusivité précédemment décrites. On retiendra que les cailloux non poreux modifient d'autant moins les caractéristiques thermiques que la terre fine est plus humide. A ce sujet, FLINT et CHILDS (1984a) signalent que dans les sols squelettiques, la présence de fragments rocheux augmente la quantité d'eau retenue, en réduisant sa circulation et en créant des zones plus humides par exemple au-dessus des dépressions existant sur la face supérieure des cailloux.

Température du sol

Pour plusieurs auteurs, la présence de cailloux dans un sol augmenterait sa température en été, ce qui aurait une influence positive sur la production d'arbres forestiers (LARSEN, 1930, LUTZ et CHANDLER, 1946, PEARSON et MARSH, 1935). En fait, il est difficile de prendre en compte telles quelles ces affirmations, l'augmentation de température du sol n'ayant pas été vérifiée et l'influence sur la végétation pouvant provenir aussi d'autres facteurs modifiés par les cailloux.

Une expérience décrite dans le Journal of Agricultural Society de 1856 et rapportée par HALL (1947) concerne la précocité des parcelles d'un sol contenant des cailloux siliceux : une parcelle (témoin) a été laissée telle quelle ; dans une autre les cailloux de surface ont été ramassés et dispersés sur une troisième parcelle. La parcelle ayant deux fois plus de cailloux que le témoin présente une avance de maturité de 3 ou 4 jours par rapport à ce dernier. La parcelle dépourvue de cailloux a un retard d'une semaine par rapport au témoin. Ces effets sont attribués à l'action des cailloux sur le réchauffement du sol.

Dans un essai au champ avec trois répétitions, SAINI et Mc LEAN (1967) mettent en évidence l'influence des cailloux sur la température d'un sol limoneux à 10 cm de profondeur. Les variantes des traitements sont les teneurs volumiques en cailloux de diamètre supérieur à 2,5 cm de diamètre dans les 20 cm d'un sol superficiel limoneux, soit : 0, 6 et 24 %. L'analyse statistique réalisée sur les températures relevées à 6 h, 12 h, 18 et 24 h montre qu'elles sont influencées par la teneur en cailloux et l'heure de la journée, toutes les deux significatives au seuil 1 %. L'interaction entre les effets de la teneur et ceux de l'heure, également significative au seuil 1 % traduit le fait que les cailloux n'ont pas des effets de même sens le jour et la nuit. Ces résultats sont représentés par la figure 20. Pendant les heures de jour, la température est d'autant plus élevée que la teneur en cailloux est plus importante ; l'effet est maximum vers 17 h puisque la différence entre les traitements extrêmes atteint 2,8 °C. Pendant la nuit, ces différences s'amenuisent et même s'inversent : la température du sol sans cailloux devient supérieure à celle des sols contenant des cailloux, la différence étant de l'ordre de 0,4 °C. En définitive, la présence de cailloux dans le sol le rend plus sensible au réchauffement diurne (température plus élevée le jour) et au refroidissement nocturne (température légèrement plus basse la nuit). KERSTEN (1949) met en cause la différence de

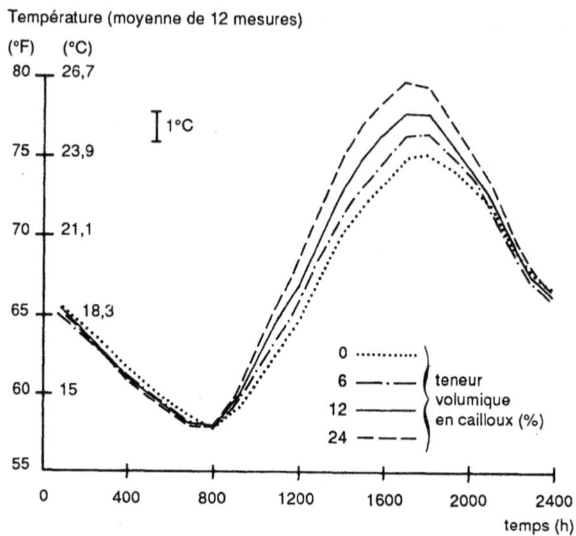

Figure 20 – Effets de la teneur volumique en cailloux sur la température journalière à 10 cm (SAINI et Mc LEAN, 1967).

chaleur spécifique entre le granite, principale roche constituant ces cailloux (0,79 J. g^{-1}. °C^{-1}) et la terre (0,81 J, g^{-1}, °C^{-1}) Ces valeurs sont très peu différentes et ne le deviennent que lorsqu'on passe aux chaleurs spécifiques volumiques qui sont pour le granite 0,79 · 2,7. g. cm^{-3}, soit 2,13 J. cm^{-3}. °C^{-1} et pour la terre 0,81 · 1,5. cm^{-3} soit 1,21 J. cm^{-3} °C^{-1} environ. En fait, pour être complète, l'explication devrait prendre en compte la différence de conductivité thermique effectivement constatée entre ces deux matériaux. D'après des données obtenues par ailleurs, la conductivité thermique volumique est beaucoup plus élevée pour le granite que pour une terre moyenne. De ce fait, la diffusivité serait plus élevée en présence de cailloux.

SAINI (1970) rapporte d'autres essais sur pomme de terre réalisés sur trois catégories de sols dont la teneur volumique en cailloux variait de 4 à 9 %. Pour chaque catégorie, une parcelle est subdivisée en deux sous-parcelles ; dans l'une les cailloux de dimensions supérieures à 2,5 cm sont enlevés de la couche arable. Les températures étaient mesurées à 15 cm de profondeur, de 16 à 18 heures, pendant la période de culture de la pomme de terre. La température moyenne pour deux années était de 18,2 °C dans les sous-parcelles épierrées et de 19,0 °C dans les sous-parcelles à l'état naturel.

Placées en couverture, les pierres peuvent également intervenir sur la température du sol dans deux domaines. Plus claires que le sol, elles réfléchissent plus le rayonnement solaire que le sol, diminuant ainsi l'énergie qui y pénètre ; c'est l'inverse pour des pierres plus sombres. Par ailleurs, comme on le verra, une couverture de cailloux diminue les pertes d'eau par évaporation et donc le refroidissement consécutif à la vaporisation de l'eau. On conçoit que la résultante de ces deux effets sur la température n'ait pas toujours le même sens suivant la nature des cailloux constituant la couverture, son épaisseur et des conditions telles que l'époque de la journée, la saison, l'humidité du sol... Sous une couverture totale de pierres, la température est légèrement plus basse à la mi-journée en été (TURK et PARTRIDGE, 1947 - TUKEY et SCHOFF, 1963). Avec une couverture partielle (65 % de la surface du sol), LAMB et CHAPMAN (1943) constatent en septembre une température plus élevée le matin et sensiblement la même à la mi-journée.

Interprétation des effets des cailloux sur la température

Les effets des cailloux s'interprètent en les considérant dans un sol comme des inclusions dont les propriétés thermiques sont différentes de celles de la terre fine. Les propriétés d'un sol contenant des cailloux seront donc intermédiaires entre celles de sa terre fine et celles de ses cailloux. Les propriétés thermiques de la terre fine varient dans le temps en fonction de son humidité. Il en est de même pour les cailloux, lorsque ceux-ci sont poreux. Nous distinguerons donc deux cas suivant que les cailloux ne sont pas poreux ou le sont ; dans cette dernière éventualité, leur humidité est susceptible de varier au même titre que celle de la terre fine. Au préalable, nous allons comparer les valeurs des propriétés thermiques des terres à différentes humidités (tabl. 11) et des cailloux (tabl. 12a et b).

Caractéristiques thermiques des cailloux et de la terre

La chaleur spécifique par *unité de volume apparent* des roches non poreuses est toujours supérieure à celle de *la terre fine sèche*, très approximativement deux fois plus. En effet, dans le corps poreux qu'est le sol, une partie de la phase solide est remplacée par de l'air dont la chaleur spécifique est beaucoup plus faible. Les différences entre les roches et la terre s'amenuisent, lorsque le sol est humide, la chaleur spécifique de ce dernier pouvant être supérieure aux chaleurs spécifiques de certaines roches.

Pour ce qui est de la *conductivité thermique* apparente, celle des roches non poreuses est généralement aussi supérieure à celles de la terre sèche, les différences diminuant de même lorsque l'humidité de la terre augmente.

L'existence d'une porosité revient à diminuer la masse de phase solide qui est remplacée par de l'air pour un caillou sec. La porosité étant P et c_s la chaleur spécifique de la phase solide, c_a la chaleur spécifique de l'air, la chaleur spécifique des cailloux est $c = c_s (1 - P) + c_a P$: comme c_a est de l'ordre de 10^3 fois plus petit que c_s, cette expression se réduit à $c \simeq c_s (1 - P)$. Si une fraction α $(0 < \alpha < 1)$

de la porosité est occupée par de l'eau, l'expression devient $c = c_s (1 - P) + 4{,}18\,\alpha\,P$; à cause de sa chaleur spécifique élevée, l'eau augmente considérablement la chaleur spécifique de la roche poreuse. Par exemple, pour une roche dont la chaleur spécifique est de 2 J. cm^{-3}. °C^{-1}, l'existence d'une porosité de 0,5 dont la moitié est occupée par de l'eau donne

$$c = 2\,(1 - 0{,}5) + 4{,}18 \cdot 0{,}5 \cdot 0{,}5 = 1 + 1{,}04 \simeq 2 \text{ J. cm}^{-3}.\,°\text{C}^{1}\,;$$

dans ce cas, la roche poreuse humide a une chaleur spécifique analogue à celle de la roche non poreuse. On dispose de très peu de données sur les roches poreuses (tabl. 12b), si ce n'est que leurs chaleurs spécifiques sont inférieures à celles des roches non poreuses.

Tableau 11 – Caractéristiques thermiques de terres fines.

Nature	Conductivité thermique (W. cm.$^{-1}$ °C^{-1})	Chaleur spécifique (J. cm^{-3})	Diffusivité (cm^2. s^{-1})
sable sec (a)	5,72.10^{-3}		
limon calcaire sec (a)	3,30.10^{-3}		
argile (a)	5,80.10^{-3}		
terre sèche (b)			5.10^{-4}
sable (c) sec	2,5.10^{-3}	1,12	2,23.10^{-3}
à capacité au champ	19,2.10^{-3}	1,58	12,15.10^{-3}
terre sableuse (c) travaillée (humidité vol. 12,5 %)	7,1.10^{-3}	1,29	5,5.10^{-3}
non travaillée (humidité vol. 17,5% %)	14,2.10^{-3}	1,83	7,75.10^{-3}
limon sableux (d) saturation 0	2,5.10^{-3}	1,17	2,1.10^{-3}
0,2	1,04.10^{-2}	1,46	7,1.10^{-3}
0,4	1,67.10^{-2}	1,75	9,5.10^{-3}
0,6	2,00.10^{-2}	2,17	8,9.10^{-3}
1,0	2,50.10^{-2}	2,80	9,2.10^{-3}
sable (e) humidité volumique 0	2,92.10^{-3}	1,25	2,3.10^{-3}
0,2	1,75.10^{-2}	2,09	8,3.10^{-3}
0,4	2,17.10^{-2}	2,92	7,4.10^{-3}
argile (e) humidité volumique 0	2,50.10^{-3}	1,25	2,0.10^{-3}
0,2	1,17.10^{-2}	2,09	5,5.10^{-3}
0,4	1,58.10^{-2}	2,92	5,4.10^{-3}
terre moyenne (a) très mal définie vraisemblablement humide			7,5.10^{-3}

a : FABRY, 1942 - b : CSTB, 1977 - c : VAN WIJK et DERKSEN, 1966 - d : JOHNSON, 1937 - e : VAN WIJK et DE VRIES, 1966.

Tableau 12 – Caractéristiques thermiques de roches.

A. Roches non poreuses

Nature	Conductivité thermique ($W.\ cm^{-1}.\ ^{\circ}C^{-1}$)	Chaleur spécifique ($J.\ cm^{-3}$)	Diffusivité ($cm^2.\ s^{-1}$)
andesite (f)		1,99	
basalte (a)	$1,2$ à $2,1.10^{-2}$		
basalte (g)	$2,1.10^{-2}$	2,50	$0,84.10^{-2}$
basalte (f)		2,67	
carbonate de chaux (a)		2,09	$1,05.10^{-2}$
carbonate de chaux (f)		2,35	
diorite (f)		2,35	
dolomie (f)		2,68	$0,59.10^{-2}$
dolomie (h)	$1,6.10^{-2}$		$0,59.10^{-2}$
granite (a)	$2,5.10^{-2}$	2,17	$1,15.10^{-2}$
granite (g)	$3,4.10^{-2}$	2,21	$1,53.10^{-2}$
granite (h)	$3,5.10^{-2}$	2,16	$1,62.10^{-2}$
grès (quartzite) (f)	$4,4.10^{-2}$	2,84	$1,54.10^{-2}$
marbre (h)	$1,6.10^{-2}$	2,37	
marbre (a)	$3,1.10^{-2}$		
quartz (g)	$1,0.10^{-2}$	2,11	
quartz (a)	$6,7$ à $12,6.10^{-2}$	2,16	
schiste (h)	$1,9.10^{-2}$	1,95	$0,97.10^{-2}$
roche non poreuse (b) : granite, basalte,silex.	$3,5.10^{-2}$	2,17	$1,61.10^{-2}$

B. Roches poreuses

Nature	Conductivité thermique	Chaleur spécifique	Diffusivité
pierre ponce (a)	2.10^{-3}		4.10^{-3*}
roche poreuse (b), masse vol 1,4 à 1,6 $t.m^{-3}$	$9,5.10^{-3}$		$9,73.10^{-3**}$

* Calculé avec porosité de 0,75 - chaleur spécifique de 2 $J\ cm^{-3}.\ ^{\circ}C^{-1}$.
  chaleur spécifique $2\ (1-0,75) = 0,5\ J\ cm^{-3}.\ ^{\circ}C^{-1}$.
** Calculé avec masse volumique apparente 1,5 $g.\ cm^{-3}$ - masse volumique réelle 2,7 $g.\ cm^{-3}$ - chaleur spécifique de roche non poreuse : 2,17 $J\ cm^{-3}.\ ^{\circ}C^{-1}$.
  chaleur spécifique $2,17\ (1 - 1,5/2,7) = 0,976\ J\ cm^{-3}.\ ^{\circ}C^{-1}$.

a : FABRY, 1942 - b : CSTB, 1977 - c : VAN WIJK et DERKSEN, 1966 - d : JOHNSON, 1937 - e : VAN WIJK et DE VRIES, 1966 - f : DE VRIES, 1966 - g : PATTEN, 1909 - h : Handbook of chemistry and physics, CPC.

La réduction par la porosité du volume de la phase solide par laquelle se transmet la chaleur diminue la conductivité thermique dans des proportions que l'on va tenter de préciser. On utilisera à cet effet un calcul basé sur la notion de *résistance thermique*, qui apparaît en modifiant l'expression du flux de chaleur $dQ/dt = \lambda d\theta/dx$, Q étant la quantité de chaleur. Pour un conducteur de section S et de longueur x, dont les extrémités sont maintenues aux températures θ_0 et θ_1,

$$dQ/dt = \lambda\, S\, \frac{\theta_1 - \theta_0}{x} = \frac{\theta_1 - \theta_0}{x/\lambda S}.$$

La différence $\theta_1 - \theta_0$ est l'homologue de la différence de potentiel électrique, tandis que $x/\lambda S$ peut être assimilé à la résistance électrique, c'est la résistance thermique. Ces résistances sont susceptibles de se composer en serie ou en parallèle.

Pour un corps poreux de longueur x, de section S, la section totale de pores occupée par de l'air est s ; la chaleur se déplace dans la phase solide (section $S - s$ et conductivité λ) et dans la phase gazeuse supposée immobile (section s et conductivité λ'). Les résistances correspondantes qui se composent dans ce cas en parallèle sont respectivement $x/\lambda\,(S - s)$ et $x/\lambda's$. La résistance équivalente R* est telle que :

$$\frac{1}{R*} = \frac{1}{x/\lambda\,(S - s)} + \frac{1}{x/\lambda's} = \frac{\lambda\,(S - s) + \lambda's}{x}.$$

Comme R* a aussi la valeur $x/\lambda*S$, l'identification de deux expressions donne :

$$\frac{\lambda*s}{x} = \frac{\lambda\,(S - s) + \lambda's}{x} \quad \text{et} \quad \lambda* = \lambda\,(1 - s/S) + \lambda'\,s/S,$$

Or, s/S n'est autre que la porosité P du corps poreux, d'où $\lambda* = \lambda\,(1 - P) + \lambda'\,P$.

La conductivité thermique λ de la phase solide est 10^2 environ plus grande que la conductivité λ' de l'air, l'expression précédente se réduit donc en première approximation à $\lambda* \simeq \lambda\,(1 - P)$.

Pour une roche compacte de conductivité 0,02 W. cm^{-1}.°C^{-1}, une porosité de 0,5 donnerait $\lambda* = 0,02\,(1 - 0,5) = 0,010$ W. cm^{-1} °C^{-1}, les rares mesures dont on dispose concernent la pierre ponce (0,002 W. cm^{-1}.°C^{-1}), une lave que l'on peut supposer scoriacée (0,008 W. cm^{-1} °C^{-1}) et des roches de masse volumique 1,4 à 1,6 t.m^{-3} (0,009 W. cm^{-1}.°C^{-1}). Ces valeurs sont du même ordre de grandeur que celles de sols secs.

La présence d'eau dans une fraction de la porosité augmente relativement peu la conductivité des roches poreuses, l'eau étant plus conductrice que l'air mais moins conductrice que la phase solide. En fait, on ne connaît pas l'allure de la variation de la conductivité avec l'humidité pour les roches poreuses. Varie-t-elle suivant une loi constamment croissante comme pour la terre, qui à la différence des cailloux est un milieu meuble ? De plus, dans celle-ci l'absorption initiale de petites quantités d'eau accroît plus la conductivité que dans un élément grossier, parce que l'eau améliore les contacts entre les particules et les agrégats. Pour les cailloux une variation quasi linéaire est plausible mais on ne connaît pas le coefficient de proportionnalité entre la conductivité et la teneur en eau.

1. Défrichement de sols caillouteu
pour la plantation de vignoble
(Photo M. Bornand, INRA, Montpellier).

2. Coupe d'un sol montrant l'hétérogénéité de la quantité de cailloux
et de leurs dimensions.
(Photo M. Bornand, INRA, Montpellier).

3. Ramifications de radicelles à la
surface d'un caillou.
(Photo G. Callot, INRA, Montpellier).

4. Vignoble sur cailloutis gréseux, les
cailloux constituant un mulch.
(Photo G. Callot, INRA, Montpellier).

5. Lavanderaie sur sol caillouteux.
(Photo M. Bornand, INRA, Montpellier).

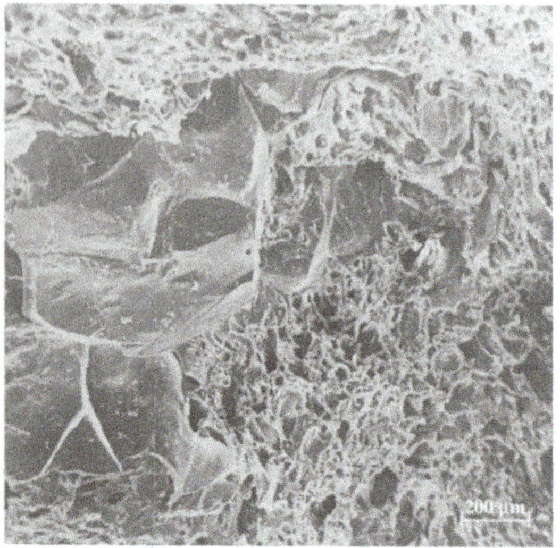

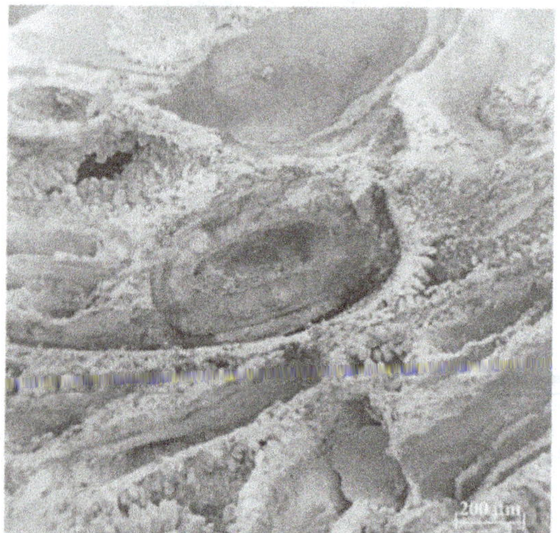

Roches poreuses prises au microscope électronique à balayage (photos 1,2,3, *Laboratoire des Techniques culturales, INRA, Versailles* ; photo 4, P. Vachier et J. Berrier, *INRA, Châlons-sur-Marne et Versailles*).

1. Andésite. Porosité totale : 19%. Diamètre maximum des pores : de l'ordre de 1 mm.

2. Pierre ponce. Porosité totale : 75%. Diamètre maximum des pores : de l'ordre de 1 mm.

3. Calcaire à milioles. Porosité totale : 41%. Diamètre maximum des pores : de l'ordre de 500 µm.

4. Craie. Porosité totale : 42%. Diamètre maximum des pores : de l'ordre de 0,8 µm.

Effets des cailloux non poreux sur la température du sol

La conductivité et la chaleur spécifique sont plus élevées pour les cailloux que pour la terre fine sèche (tabl. 11 et 12) mais la conductivité étant relativement plus élevée que la chaleur spécifique, la diffusivité des cailloux non poreux est généralement plus grande que celle de la terre fine sèche (fig. 21).

De ce fait, un sol sec contenant des cailloux aura une diffusivité intermédiaire entre celle de sa terre fine et celle de ses cailloux ; la présence de cailloux augmente donc la diffusivité au prorata de leur quantité. D'après ce que l'on a vu, le sol se réchauffera et se refroidira plus rapidement. Ceci est montré de façon exemplaire par les mesures déjà citées de SAINI et Mc LEAN (1967). De plus, la présence en surface de cailloux meilleurs conducteurs accentue le réchauffement du sol par le rayonnement solaire et il en résulte une température plus élevée qu'en l'absence de cailloux. La nuit, le flux de chaleur du sol vers l'atmosphère est accru au point que le sol caillouteux se trouve être légèrement plus froid au lever du jour.

Lorsque l'humidité de la terre fine croît, sa diffusivité apparente varie suivant une courbe parabolique à maximum (ROSE, 1966). Comme aux humidités élevées, la diffusivité reste généralement supérieure à celle de la terre fine sèche, on peut écrire que globalement l'humidité augmente la diffusivité de la terre fine. La différence entre la diffusivité des cailloux et celle de la terre fine diminue donc lorsque cette dernière est humide, cette différence variant avec l'humidité de la terre. D'après les quelques données disponibles, les gammes de variation des deux diffusivités se recouvrent largement (fig. 21).

Selon les valeurs relatives des diffusivités de la terre fine et des cailloux, ceux-ci pourront augmenter ou diminuer la diffusivité du sol. L'influence des cailloux doit donc se raisonner pour chaque cas.

Effets des cailloux poreux sur la température du sol

Quoique l'existence de pores dans les roches soit relativement fréquente, on a très peu de renseignements sur les propriétés thermiques de cette catégorie de matériaux, les indications sur la porosité n'étant généralement pas disponibles dans la

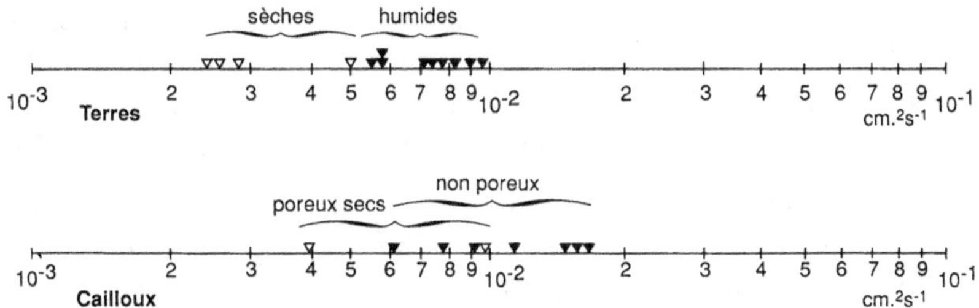

Figure 21 – Diffusivités des cailloux et de la terre fine.

littérature. On en est donc réduit à des supputations sur l'incidence des cailloux poreux sur les propriétés thermiques des sols.

La diffusivité peut être calculée pour un groupe de cailloux poreux de nature non précisée ; la valeur obtenue est $9,7 \cdot 10^{-3}$. cm^2. s^{-1}. Pour la pierre ponce, en utilisant la mesure de conductivité disponible, et en supputant une valeur de 2 J. cm^{-3}. °C^{-1} pour la chaleur spécifique, on obtient une valeur du même ordre : 4.10^{-3} cm^2 s^{-1} (tabl. 12).

D'après les rares résultats disponibles, il semblerait que la diffusivité des roches poreuses soit souvent inférieure à celle de mêmes roches non poreuses. De ce fait, leur gamme de variation recouvre une partie de la gamme des sols secs.

Il est difficile de prévoir l'incidence de l'humectation des cailloux poreux sur leur diffusivité, la variation de la conductivité avec l'humidité n'étant pas connue.

Le fait que les cailloux soient poreux complique l'analyse de leurs effets sur les propriétés thermiques des sols. En effet, la porosité des cailloux peut être occupée par de l'eau, ce qui modifie à la fois leur chaleur spécifique et leur conductivité. L'humidité des cailloux est donc un paramètre important à prendre en compte pour apprécier les modifications de propriétés thermiques du sol. De plus, au cours des cycles humectation dessication, l'humidité des cailloux et de la terre fine varie dans le temps. Plus précisément, il faudrait examiner comment se font les transferts d'eau réciproques entre les cailloux et la terre, ce qui sera traité en 7.

En gros, on peut distinguer trois situations :
• la terre fine et les cailloux sont secs,
• la terre fine est humide et les cailloux sont secs, parce que leurs pores sont trop larges pour exercer une succion appréciable sur l'eau de la terre fine.
• la terre fine et les cailloux sont humides.
• la terre fine est sèche et les cailloux sont humides (cas peu probable, cf. p. 149).

Lorsque la terre fine et les cailloux poreux sont secs, les valeurs des diffusivités (fig. 21) montrent que la diffusivité du sol pourra être augmentée ou diminuée.

Lorsque la terre fine est humide, les cailloux restant secs, la diffusivité de la terre fine augmente au point d'être souvent supérieure à celle des cailloux. Ceux-ci contribueraient donc à modifier la diffusivité globale du sol.

Lorsque la terre fine et les cailloux sont humides, il est difficile de se prononcer en l'absence de renseignements sur la relation conductivité – humidité pour les cailloux, ce qui ne permet pas de supputer l'allure de la variation de la diffusivité des éléments grossiers et donc la sensibilité du sol aux variations de température. Il en est de même pour la combinaison terre fine sèche cailloux humides.

Indiquons enfin brièvement les conséquences qu'ont dans un sol les inclusions caillouteuses de diffusivité différente sur la propagation d'une onde thermique. Par exemple dans un caillou à forte diffusivité, cette onde se propage plus rapidement (fig. 22). L'onde thermique est donc en avance au niveau du caillou, ce qui est un fait favorisant le réchauffement du sol.

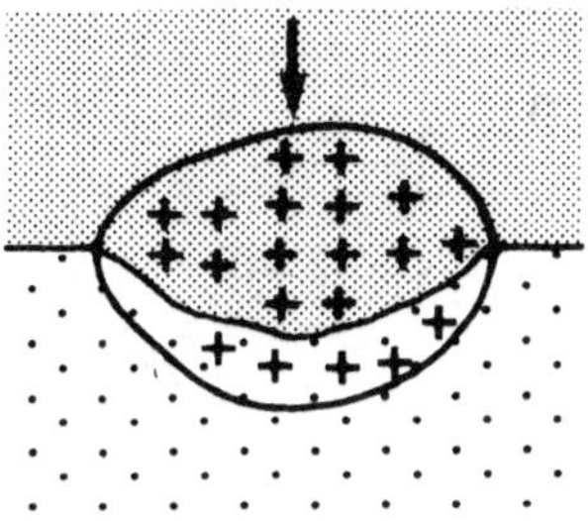

Figure 22 – Perturbation par un caillou de la propagation d'une onde thermique.

Calcul des caractéristiques thermiques des sols caillouteux

Il s'agit, connaissant la teneur volumique en cailloux et les caractéristiques thermiques de la terre fine et des cailloux, de calculer les caractéristiques thermiques du sol en place.

Le problème ne présente pas les mêmes difficultés selon qu'il s'agit de la chaleur spécifique ou de la conductivité thermique. Calculer la chaleur spécifique d'un matériau composite ne pose pas de problèmes particuliers. Il n'en est pas de même pour la conductivité thermique qui ne peut se calculer simplement à partir des conductivités des composantes du sol.

Chaleur spécifique

D'une façon générale, la chaleur spécifique d'une certaine quantité de mélange est la moyenne pondérée des chaleurs spécifiques des composants du mélange, le paramètre de pondération étant la quantité du composant. Ce mode de calcul s'applique bien aux constituants du sol de dimensions inférieures à 2 mm (de VRIES, 1963). Des exceptions sont cependant signalées par GHUMAN et LAL (1985), ce qui pourrait s'expliquer par un manque de précision dans les données intervenant dans le calcul, les quantités des composants notamment.

Nous allons appliquer le calcul de la moyenne pondérée aux constituants du sol en place que sont la terre fine et son humidité, les cailloux et éventuellement leur humidité s'ils sont poreux. Dans l'unité de volume apparent de sol en place se trouvent :
- de la terre fine de masse volumique apparente partielle M_{pt} et de chaleur spécifique massique c, la capacité calorifique correspondante est $M_{pt}.$ c,
- l'eau de cette terre fine d'humidité massique H ; capacité calorifique $M_{pt}.$ H,
- les cailloux de chaleur spécifique c_c et dont la masse volumique apparente partielle est M_{pc} ; capacité calorifique $M_{pc}.$ c_c.
- éventuellement l'humidité de ces cailloux d'humidité massique H_c ; capacité calorifique $M_{pc}.$ H_c.

En définitive, c_x étant la chaleur spécifique du sol en place (capacité calorifique de l'unité de volume apparent) :

$$c_x = M_{pt} \cdot c + M_{pt} \cdot H + M_{pc} \cdot c_c + M_{pc}H_c \,.$$

La teneur volumique en cailloux étant C_v, d'après la définition de la masse volumique apparente et M_t et M_c étant les masses volumiques de la terre fine et des cailloux respectivement :

$$M_{pt} = M_t \, (1 - C_v) \ \text{et} \ M_{pc} = M_c. \, Cv.$$

L'expression de c_x se transforme alors ainsi :

$$c_x = M_t(1 - C_v)c + M_t(1 - C_v)H + M_c \, C_v \, c_c + M_c \, Cv \, H_c \,.$$

Conductivité thermique

La conductivité thermique apparente du sol en place peut être calculée à partir de méthodes numériques utilisant l'équation de conduction de la chaleur et un profil thermique du sol (RIHA *et al.*, 1980), les détails de calcul étant donnés par CAMPBELL (1985). FLINT et CHILDS (1987), ont utilisé une telle méthode pour des sols caillouteux. Nous n'entrerons pas dans le détail de ces méthodes qui sont du ressort de spécialistes et nous présenterons seulement des procédés de calcul de la conductivité thermique du sol en place à partir des caractéristiques de la terre fine et des cailloux.

La conductivité thermique étant une caractéristique de transmission, ne peut se déduire simplement des conductivités thermiques de la terre fine et des cailloux. C'est pourquoi plusieurs modes de calculs ont été utilisés. Il sont indiqués par PECK et WATSON (1949) pour le problème homologue de la conductivité hydraulique.

Méthode de CARSLAW et JAEGER (1959).

Ces auteurs transposent à la conductivité thermique une analyse faite dans le domaine du magnétisme. Le problème de la perturbation apportée à la propagation de la chaleur dans un milieu uniforme par un corps de conductivité différente placé en son sein est analogue à un problème de magnétisme : calculer l'intensité du champ magnétique induit dans un solide placé dans un champ magnétique uniforme.

Pour cela, les auteurs cités considèrent une inclusion sphérique de diamètre « a » de conductivité λ_1 ayant le même centre qu'une sphère d'un milieu uniforme de rayon ρ et de conductivité λ_0. Le problème consiste à calculer la conductivité uniforme λ^* du milieu fictif constituant une sphère de rayon ρ telle que le flux de chaleur permanent à travers sa surface, soit le même que celui de la sphère de conductivité λ_0 ayant même rayon et contenant l'inclusion de conductivité λ_1.

Pour le modèle constitué par n inclusions sphériques de diamètre « a » placées dans la sphère de rayon « ρ », la teneur volumique en cailloux est $n\,a^3/8\rho^3 = C_v$ (*); la conductivité $\lambda*$ est donnée par :

$$\lambda* = \frac{3\lambda_0\lambda_1\,C_v + (2\lambda_0 + \lambda_1)\,\lambda_0\,(1 - C_v)}{3\lambda_0\,C_v + (2\lambda_0 + \lambda_1)\,(1 - C_v)}\,.$$

Cette expression se transpose aux sols caillouteux, λ_0 étant la conductivité de la terre fine, λ_1 la conductivité des cailloux et $\lambda*$ la conductivité du sol en place et C_v sa teneur volumique en cailloux. Compte-tenu des conditions de son obtention, cette formule n'est valable qu'en régime permanent de propagation de la chaleur.

Méthode de VRIES

Si un matériau est constitué d'un milieu de conductivité λ_0 contenant des inclusions de conductivité λ_1, les proportions respectives du milieu et des inclusions étant w_0 et w_1, la conductivité $\lambda*$ du milieu contenant l'inclusion sera intermédiaire entre λ_0 et λ_1. Une théorie développée par BURGER (1915) fournit la formule donnant

$$\lambda* = \frac{w_0\,\lambda_0\,(d\theta/dz)_0 + w_1\,\lambda_1\,(d\theta/dz)_1}{\lambda_0\,(d\theta/dz)_0 + \lambda_1\,(d\theta/dz)_1}\,,$$

$(d\theta/dz)_0$ et $(d\theta/dz)_1$ étant les gradients de température dans le milieu et dans les inclusions. En posant

$$(d\theta/dz)_1 / (d\theta/dz)_0 = m, \quad \lambda* = \frac{w_0\,\lambda_0 + m\,w_1\,\lambda_1}{\lambda_0 + m\,\lambda_1}\,.$$

Avec N catégories d'inclusion, la formule se généralise ainsi :

$$\lambda* = \frac{m_0\,w_0\,\lambda_0 + m_1\,w_1\,\lambda_1 + \ldots + m_i\,w_i\,\lambda_i + m_N\,w_N\,\lambda_N}{m_0\,w_0 + m_1\,w_1 + m_i\,w_i + m_N\,w_N} \text{ ou } \lambda* = \frac{\Sigma\,m_i\,w_i\,\lambda_i}{\Sigma\,m_i\,w_i}\,.$$

L'expression mathématique exacte du terme m_i ne peut être obtenue que dans les conditions suivantes : les inclusions qui sont des éllipsoïdes doivent être suffisamment éloignées les unes des autres pour ne pas interagir entre elles. En d'autres termes, le gradient de température dans et au voisinage d'une inclusion ne doit pas être influencé par les inclusions voisines.

---

* Cette teneur correspond au modèle des inclusions sphériques dans une sphère. Pour des inclusions sphériques dans un cube d'arête 2ρ, volume des inclusions :

$n\,\frac{4}{3}\,\pi\,(\frac{a}{2})^3 = n\,\pi a^3/6 \simeq na^3/2$ et volume du cube $8\rho^3$; la teneur volumique est alors $na^3/16\rho^3$.

Avec n inclusions cubiques d'arête « a » dans un cube d'arête 2ρ, la teneur en inclusion serait na^3/ρ^3. Les formulations sont analogues lorsqu'il y a homothétie entre forme des inclusions et volume du milieu continu considéré.

Pour chaque catégorie d'inclusions d'indice i, le terme m_i s'exprime ainsi :

$$m_i = \frac{1}{3} \left(\frac{1}{1 + (\frac{\lambda_i}{\lambda_0} - 1)\, g_a} + \frac{1}{1 + (\frac{\lambda_i}{\lambda_0} - 1)\, g_b} + \frac{1}{1 + (\frac{\lambda_i}{\lambda_0} - 1)\, g_c} \right)$$

g_a, g_b, g_c étant des coefficients de forme de l'ellipsoïde, tels que $g_a + g_b + g_c = 1$; ces coefficients dépendent de la valeur des axes a b c de l'ellipsoïde.

L'expression précédente peut s'écrire :

$$m_i = \frac{1}{3} \sum_{abc} \left[1 + (\frac{\lambda_i}{\lambda_0} - 1)\, g_a \right]^{-1}.$$

Lorsque les inclusions sont des sphères, leurs coefficients de forme sont identiques et égaux à 1/3, d'après la relation $g_a + g_b + g_c = 1$; l'expression de m_i est ainsi modifiée :

$$m_i = \frac{1}{3} \sum \left[1 + (\frac{\lambda_i}{\lambda_0} - 1)\, (1/3) \right]^{-1}.$$

Pour deux catégories d'inclusions sphériques de teneurs volumiques w_1 et w_2 placées dans un milieu continu de teneur volumique w_0, le calcul se déroule ainsi :

• pour le milieu continu considéré comme le constituant d'indice o, l'expression

$$\left[1 + (\frac{\lambda_i}{\lambda_0} - 1)\, \frac{1}{3} \right]^{-1} \quad \text{prend la valeur 1 ; et} \quad m_o = \frac{1}{3}(1 + 1 + 1) = 1.$$

• pour les inclusions d'indice 1 :

$$m_1 = \frac{1}{3} \left[\frac{1}{1 + (\frac{\lambda_1}{\lambda_0} - 1)\, (1/3)} + \frac{1}{1 + (\frac{\lambda_1}{\lambda_0} - 1)\, (1/3)} \right] = \frac{3\lambda_0}{2\lambda_0 + \lambda_1}$$

• pour les inclusions d'indice 2, on aurait de même : $m_2 = \dfrac{3\lambda_0}{2\lambda_0 + \lambda_2}$. En portant m_o, m_1 et m_2 dans l'expression de $\lambda*$:

$$\lambda* = \frac{\lambda_0 w_0 + \dfrac{3\lambda_0 \lambda_1 w_1}{2\lambda_0 + \lambda_1} + \dfrac{3\lambda_0 \lambda_2 w_2}{2\lambda_0 + \lambda_2}}{w_0 + \dfrac{3\lambda_0 w_1}{2\lambda_0 + \lambda_1} + \dfrac{3\lambda_0 w_2}{2\lambda_0 + \lambda_2}}$$

En se limitant à une seule catégorie d'inclusions sphériques, ce qui correspond à la présence de cailloux sphériques isodiamétriques constitués d'une seule roche, la teneur volumique de la terre fine est $w_0 = 1 - w_1$, ou en désignant la teneur en cailloux par C_v, $w_0 = 1 - C_v$.

$$\lambda^* = \frac{(1 - C_v)\,\lambda_0 + \dfrac{3\lambda_0\,\lambda_1\,C_v}{2\lambda_0 + \lambda_1}}{(1 - C_v) + \dfrac{3\lambda_0\,C_v}{2\lambda_0 + \lambda_1}} = \frac{3\lambda_0\,\lambda_1\,C_v + (2\lambda_0 + \lambda_1)\,\lambda_0\,(1 - C_v)}{3\lambda_0\,C_v + (2\lambda_0 + \lambda_1)\,(1 - C_v)}\,.$$

L'équation est identique à celle de CARSLAW et JAEGER.

Soulignons les conditions de validité de cette formule qui a été établie en *régime permanent*. La teneur en cailloux ne doit pas être trop élevée ; les cailloux de même nature sont sensiblement sphériques.

L'expression de λ^* étant une fonction homographique de la teneur en cailloux C_v, elle se représente par un arc d'hyperbole croissante. Cette expression peut se modifier pour faire apparaître les rapports λ^*/λ_0 et λ_1/λ_0.

Mettons λ_0 en facteur :

$$\lambda^* = \lambda_0\,\frac{3\,\lambda_1\,C_v + (2\lambda_0 + \lambda_1)\,(1 - C_v)}{3\,\lambda_0\,C_v + (2\,\lambda_0 + \lambda_1)\,(1 - C_v)}\,,$$

puis divisons haut et bas par λ_0, il vient

$$\frac{\lambda^*}{\lambda_0} = \frac{(1 + 2\,C_v)\,\dfrac{\lambda_1}{\lambda_0} + 2\,(1 - C_v)}{(1 - C_v)\,\dfrac{\lambda_1}{\lambda_0} + 2 + C_v}\,.$$

La figure 23 représente une abaque donnant les variations du rapport λ^*/λ_0 en fonction du rapport λ_1/λ_0, la teneur en cailloux C_v intervenant comme paramètre.

Composition des résistances thermiques

La notion de résistance thermique a été présentée p. 70. En composant la résistance thermique de la terre fine et celle des cailloux, on obtient la résistance thermique du sol en place et par un calcul simple sa conductivité.

Considérons un modèle en réseau de sol caillouteux (fig. 24 a) constitué de $\alpha\beta\gamma$ cubes juxtaposés, les unités élémentaires (fig. 24 b), contenant chacune un caillou cubique dont les arêtes sont parallèles au cube de terre fine. On y distingue γ couches de cubes (I à IV) ; dans chaque couche se trouvent $\alpha\beta$ cubes. Nous allons montrer qu'en calculant la résistance thermique d'une unité élémentaire du réseau, c'est-à-dire d'un des cubes de sol, on obtient la conductivité thermique du massif de sol.

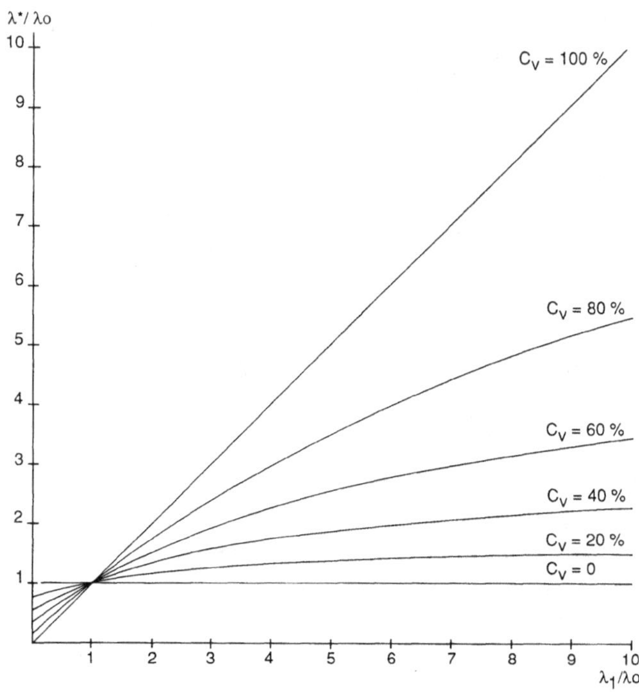

Figure 23 – Variation du rapport λ^*/λ_0 en fonction du rapport λ_1/λ_0, C_v étant la teneur volumique en cailloux λ_0 : conductivité de la terre fine, λ_1 : conductivité des cailloux ; λ^* : conductivité du milieu fictif équivalent.

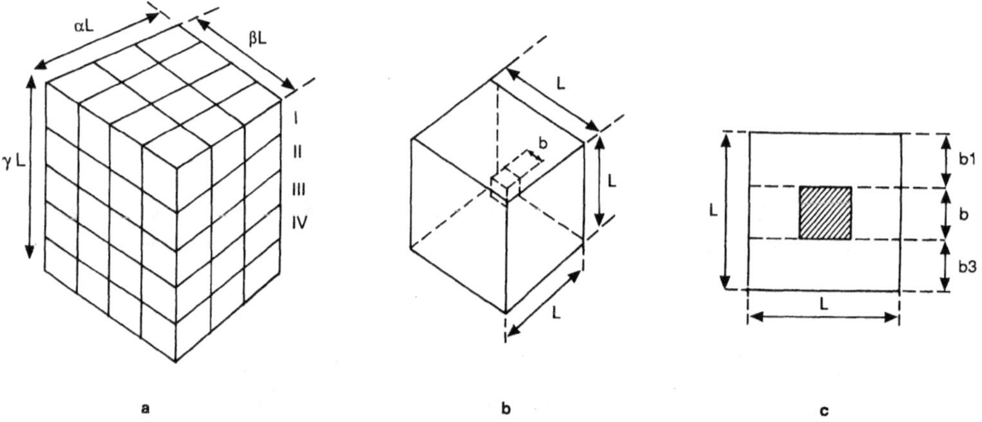

Figure 24 – Modèle en reseau de sol caillouteux (a) – unité élémentaire (b) – décomposition de l'unité élémentaire en trois couches superposées (c).

Pour une propagation verticale de la chaleur, la résistance thermique d'une cellule est $r = 1/\lambda_0 L$. Pour la couche I par exemple, la résistance r_c est donnée par

$$\frac{1}{r_c} = \alpha\beta \cdot \frac{1}{r} \text{ et } r_c = \frac{r}{\alpha\beta}.$$

Composer en série les résistances des γ couches donne la résistance r_t :

$$\gamma \frac{r}{\alpha\beta} = \frac{\gamma}{\alpha\beta \, \lambda_0 L} \, .$$

La résistance globale du massif est aussi celle d'un milieu fictif de conductivité λ^* :

$$R* = \frac{\lambda \, L}{\lambda* \, (\alpha \, L) \, (\beta \, L)} \, , \quad \text{soit} \quad \frac{\lambda}{\lambda* \, \alpha\beta L}$$

et en identifiant $R*$ et r_t :

$$\frac{\lambda}{\alpha\beta \, \lambda* \, L} = \frac{\lambda}{\alpha\beta \, \lambda_0 \, L} \, ,$$

$\lambda* = \lambda o$; la résistance du massif est égale à celle d'une cellule. De même, la teneur en cailloux d'une cellule est b^3/L^3 et celle du massif $= \dfrac{\alpha\beta\gamma \, b^3}{\alpha\beta\gamma \, L^3} = \dfrac{b^3}{L^3}$. La variation du taux de cailloux se traduit par un changement de leur volume (cellule de dimension constante) et/ou de leur nombre (modification de dimension de la cellule).

Calculons la résistance d'une cellule élémentaire d'arête L, la terre fine ayant la conductivité λ_0 et le caillou la conductivité λ_1 ; le caillou a pour arête « b ». Dans cette cellule élémentaire, on distingue de haut en bas trois éléments dans le cas de la direction verticale de la propagation de la chaleur (fig. 24 c) : un prisme de section carrée et de hauteur b_1 ne comprenant que de la terre fine, un prisme de même section et ayant pour hauteur la longueur b de l'arête du cube, un prisme de section carrée et de hauteur b_3 égale à b_1. Dans l'élément central de hauteur b, le flux de chaleur transite à la fois dans le caillou et dans la terre fine, la résistance équivalente résultera donc de la composition en parallèle des résistances du caillou et de la terre fine.

La résistance de la cellule élémentaire sera obtenue en composant en série les résistances de trois volumes suivants :

— résistance thermique R_1 du prisme haut, constitué seulement de terre fine : $b_1/\lambda_0 \, S$, S étant la surface de section du prisme,

— résistance thermique R_2 du prisme central contenant le caillou
  • cailloux : $b/\lambda_1 \cdot s$, s étant la surface de la section des cailloux ;
  • terre : $b/\lambda_0 \, (S\text{-}s)$;
  • composition en parallèle $\dfrac{1}{R_2} = \dfrac{1}{b/\lambda_1 s} + \dfrac{1}{b/\lambda_0 \, (S-s)}$, $R_2 = \dfrac{b}{\lambda_1 s + \lambda_0 \, (S-s)}$

— résistance thermique R_3 du prisme bas : même forme que R1.
  $R_3 = b_3/\lambda_0 S$.

Résistance thermique R de la cellule élémentaire :

$$R = R_1 + R_2 + R_3 = \frac{b_1}{\lambda_0 S} + \frac{b_3}{\lambda_0 S} + \frac{b}{\lambda_1 s + \lambda_0 (S - s)} = \frac{L - b}{\lambda_0 S} + \frac{b}{\lambda_1 s + \lambda_0 (S - s)},$$

puisque $L = b_1 + b_3 + b$. En réduisant au même dénominateur, on obtient :

$$R = \frac{s (L - b) (\lambda_1 - \lambda_0) + \lambda_0 SL}{\lambda_0 S [\lambda_1 s + \lambda_0 (S - s)]}.$$

Une autre expression de R fait intervenir la conductivité λ^* d'un sol fictif conduisant la chaleur de la même façon que l'ensemble terre fine cailloux : $R = L/\lambda^* S$.

$$\frac{L}{\lambda^* S} = \frac{s (L - b) (\lambda_1 - \lambda_0) + \lambda_0 SL}{\lambda_0 S [\lambda_1 s + \lambda_0 (S - s)]}, \quad \lambda^* = \frac{L \lambda_0 (\lambda_1 s + \lambda_0 (S - s))}{s (L - b) (\lambda_1 - \lambda_0) + \lambda_0 SL}.$$

Divisons haut et bas par SL pour faire intervenir les rapports b/L et s/S :

$$\lambda^* = \frac{\lambda_0 [\lambda_1 s/S + \lambda_0 (1 - s/S)]}{\dfrac{s}{S} (1 - b/L) (\lambda_1 - \lambda_0) + \lambda_0}.$$

Comme la teneur en cailloux est $C_v = b^3/L^3$,

$$\frac{b}{L} = C_v^{1/3}, \text{ et } s/S = \frac{b^2}{L^2} = (C_v^{1/3})^2 = C_v^{2/3}.$$

On obtient :

$$\lambda^* = \frac{\lambda_0 [\lambda_1 C_v^{2/3} + \lambda_0) (1 - C_v^{2/3})]}{C_v^{2/3} (1 - C_v^{1/3}) (\lambda_1 - \lambda_0) + \lambda_0} = \frac{\lambda_0 [(\lambda_1 - \lambda_0) C_v^{2/3} + \lambda_0]}{(\lambda_1 - \lambda_0) (C_v^{2/3} - C_v) + \lambda_0}.$$

Conclusion

Les caractéristiques à prendre en compte pour apprécier l'influence des cailloux sur la température du sol sont le fait qu'ils soient ou non poreux, l'humidité de la terre fine et éventuellement celle des cailloux. L'influence des cailloux se raisonne à partir de la diffusivité du sol en place.

Lorsque les cailloux ne sont pas poreux et que la terre fine est sèche, la diffusivité du sol est augmentée et donc sa capacité à changer plus rapidement de température. Si la terre fine est humide, il existe un recouvrement partiel entre la diffusivité des cailloux et celle de la terre fine ; de ce fait, la présence des cailloux peut selon les cas augmenter ou diminuer la diffusivité du sol en place.

Pour les cailloux poreux, les paramètres importants à prendre en compte sont la valeur de la porosité et la fraction de celle-ci éventuellement occupée par l'eau. Il existe des cailloux poreux qui, secs, ont une diffusivité supérieure à celle des terres sèches et du même ordre de grandeur que celle des terres humides. Lorsque la terre fine et les cailloux sont humides, il est difficile de prévoir en l'absence de mesures si ces derniers modifient beaucoup la diffusivité du sol.

Dans tout ce qui précède, on n'a pu prendre en compte les modifications éventuelles de la structure de la terre fine provoquées par la présence de cailloux. Une réduction de la masse volumique de la terre fine diminue sa conductivité, puisqu'il y a moins de phase solide et également sa chaleur spécifique. Comme la diffusivité est le rapport conductivité sur chaleur spécifique, ces effets sur la température devraient être assez réduits.

6.

Cailloux et écoulement de l'eau

Les influences des cailloux sur la dynamique de l'eau dans le sol et sur la propagation de la chaleur présentent de fortes analogies, avec cependant des spécificités pour ce qui concerne l'eau. Dans ce dernier domaine, les flux considérés sont matériels à la différence de ce qui se passe pour la chaleur. Par ailleurs, les éléments grossiers non poreux ne transmettent pas l'eau tandis qu'ils conduisent la chaleur.

Les effets possibles des cailloux seront d'abord présentés succintement avant de développer les différentes approches théoriques, certaines d'entre elles provenant d'autres domaines de la physique. C'est à la lumière de ces résultats théoriques que l'on tentera d'interpréter les constatations faites *in situ* et les études expérimentales.

L'eau qui s'écoule peut emplir complètement la porosité (conditions saturantes) ou une partie seulement de celle-ci (conditions non saturantes). Dans la mesure du possible, on distinguera ces deux conditions d'écoulement mais comme la saturation totale de la porosité est en général rarement atteinte surtout en phase d'humectation, les résultats seront présentés par mode d'alimentation en eau du sol. Lorsque le sol sec est humecté verticalement par apport d'eau en surface avec ou sans plan d'eau ou horizontalement, la porosité n'est, à des degrés divers, généralement pas saturée ; par contre l'écoulement permanent de l'eau dans un sol préalablement humecté se fait dans des conditions voisines de la saturation.

Effets possibles des cailloux sur l'écoulement de l'eau

Dans le sol, l'eau se déplace d'un point à un autre sous l'influence de son gradient de potentiel total χ, x étant la distance entre les deux points. Le débit dQ/dt est tel que $dQ/dt = K\,(d\chi/dx)$, K étant le coefficient de perméabilité. Cette expression est générale, et valable aussi bien en conditions saturantes qu'en conditions non saturantes.

La présence de cailloux au sein de la terre fine peut avoir plusieurs conséquences directes ou indirectes sur la perméabilité. Une des plus importantes est le remplacement d'un certain volume de terre par un volume équivalent de matériau de porosité généralement différente de celle de la terre et pouvant à la limite être nulle. Lorsque les cailloux ne sont pas poreux, leur influence se traduit généralement en conditions saturantes par une diminution de perméabilité à cause de la réduction de la section utile pour l'écoulement de l'eau ; si la porosité de la terre n'est pas saturée, le sens des effets sur la perméabilité apparaît moins clairement comme nous le verrons.

Si les cailloux sont poreux, leur influence est beaucoup plus difficile à cerner. En principe pour un sol saturé, des cailloux plus perméables que la terre fine devraient augmenter la perméabilité du sol et ce devrait être l'inverse pour des cailloux moins perméables. En fait, comme on le verra, la saturation de la terre fine n'implique pas *ipso facto* la saturation de l'élément grossier et l'affirmation précédente doit être modulée suivant les situations. En conditions non saturantes, le problème se complique encore, parce que l'eau occupe seulement une partie variable dans le temps des pores des deux corps poreux que sont la terre fine et les cailloux.

Une autre conséquence sur l'écoulement de l'eau résulte de l'existence éventuelle à l'interface entre l'élément et la terre fine d'espaces plus ou moins étroits dans lesquels la perméabilité est infinie en principe. En fait, ces cavités peuvent se comporter comme des macropores qui n'améliorent pas toujours la perméabilité, parce qu'ils ne peuvent pas se remplir d'eau. La succion qu'il exercent sur l'eau de la terre fine est inférieure à celle avec laquelle l'eau y est retenue. D'après BOUMA *et al.* (1977), en sol non caillouteux, l'eau circulerait sur les parois des macropores mais sans les remplir. Ils augmenteraient la perméabilité saturée mais à un degré moindre que ne laisse supposer leur volume. Il devrait en être de même pour les espaces existant entre les pierres et la terre fine. Indiquons enfin que ces espaces ne sont pas forcément permanents, notamment lorsqu'ils résultent du retrait des terres argileuses.

Les cailloux peuvent aussi intervenir indirectement sur l'écoulement de l'eau, en diminuant le tassement de la terre fine qu'ils provoquent (cf. p. 55). Rappelons enfin que les éléments grossiers présents à la surface du sol protègent une partie de cette surface contre l'impact des gouttes d'eau, ce qui limite la dégradation de la structure du sol et facilite l'infiltration. La modification par les cailloux de l'écoulement de l'eau est la résultante des effets précédents dont il est difficile d'apprécier l'importance relative. Il est cependant probable que l'inclusion dans le sol de matériaux de porosité différente de celle de la terre fine a souvent un effet prépondérant.

Analyses théoriques de l'influence des cailloux sur la perméabilité d'un sol saturé

Les résultats peuvent se regrouper en deux catégories selon qu'on met l'accent sur la résistance présentée par un milieu poreux à l'écoulement de l'eau (résistance hydraulique) ou son aptitude à conduire l'eau (perméabilité).

Résistance hydraulique et teneur en cailloux

La loi de DARCY s'écrit $dQ/dt = KS\,h/x$, avec Q : quantité d'eau écoulée, t : temps, h : charge hydraulique, x : longueur du filtre, S : sa section (fig. 25). Dans cette expression, le terme h représente le potentiel de l'eau et les autres termes concernent la géométrie du filtre (S, x) et sa perméabilité K ; l'écriture suivante de la loi permet de séparer le potentiel des caractéristiques du milieu poreux :

$$\frac{dQ}{dt} = \frac{h}{x/KS}\ .$$

Par analogie avec la loi d'Ohm, on désignera x/KS *résistance hydraulique* du filtre. Lorsque plusieurs milieux poreux de perméabilités différentes sont juxtaposés, leurs résistances hydrauliques se composent, comme on le ferait pour des résistances électriques.

Composition en série (fig. 26a)

La résistance hydraulique globale R^* du filtre est la somme des résistances R_1 et R_2 des deux parties ; $R_1 = x_1/K_1\,S$; $R_2 = x_2/K_2\,S$. Il vient :

$$\frac{dQ}{dt} = \frac{h}{R^*} = \frac{h}{x_1/K_1 S + x_2/K_2 S} = \frac{h}{(1/S)\left(\dfrac{x_1}{K_1} + \dfrac{x_2}{K_2}\right)} \ , \ \text{d'où } R^* = \frac{1}{S}\left(\frac{x_1}{K_1} + \frac{x_2}{K_2}\right)\ .$$

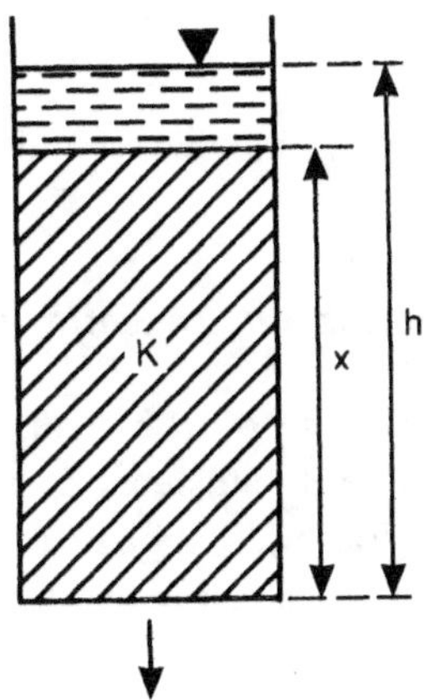

Figure 25 – Loi de Darcy.

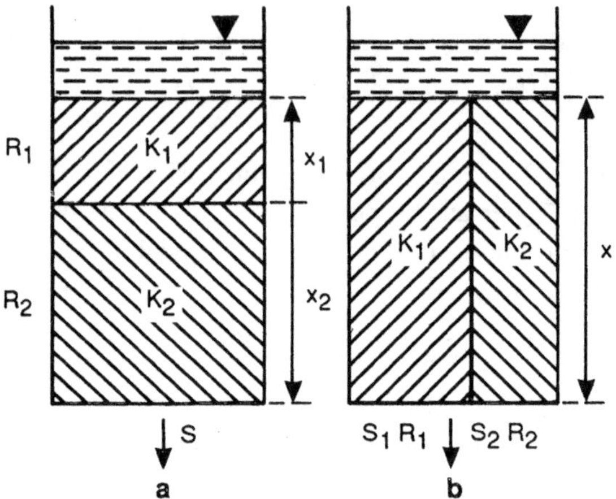

Figure 26 – Composition des résistances hydrauliques en série (a) et en parallèle (b).

La résistance globale du milieu étant aussi :

$$R* = \frac{x_1 + x_2}{K* \, S} \text{, il vient } \frac{x_1 + x_2}{K*} = \frac{x_1}{K_1} + \frac{x_2}{K_2}, \text{ ou } K* = \frac{(x_1 + x_2) \, K_1 \, K_2}{x_2 \, K_1 + x_1 \, K_2}.$$

Composition en parallèle (fig. 26b).

L'écoulement de l'eau se fait simultanément dans le milieu 1 et le milieu 2, ce qui implique une composition en parallèle.

$$1/R* = \frac{1}{R_1} + \frac{1}{R_2} \text{ et } R_1 = x/K_1 \, S_1 \text{ et } R_2 = x/K_2 \, S_2.$$

$$\frac{1}{R*} = \frac{1}{x/K_1 \, S_1} + \frac{1}{x/K_2 \, S_2} \; ; \text{ d'où } R* = \frac{x}{K_1 \, S_1 + K_2 \, S_2}.$$

On pourrait aussi identifier cette expression à $R* = \dfrac{x}{K* \, S}$ pour calculer $K*$.

Application à un élément de volume contenant un caillou

Nous avons montré (p. 77) que la résistance thermique d'un élément du modèle en réseau est la même que celle d'un massif constitué de plusieurs de ces éléments (fig. 24). Il en est de même pour la résistance hydraulique et il suffit de calculer la résistance hydraulique d'un élément (cf. p. 79), en substituant la perméabilité K à la conductivité thermique λ. On obtient :

$$\frac{K*}{K_o} = \frac{1 - (1 - K_c/K_o) \, C_v^{\,2/3}}{1 - (1 - K_c/K_o) \, C_v^{\,2/3} \, (1 - C_v^{\,1/3})}.$$

Lorsque l'élément grossier n'est pas poreux, l'expression se réduit à :

$$\frac{K*}{K_o} = \frac{1 - C_v^{2/3}}{1 - C_v^{2/3} (1 - C_v^{1/3})} = \frac{1 - C_v^{2/3}}{1 - C_v^{2/3} + C_v} \cdot$$

Examinons la représentativité du modèle simple considérant les cailloux comme des cubes alors que la forme sphérique se rapprocherait plus de la réalité. Calculer la résistance hydraulique d'un cube de sol d'arête « L » contenant une sphère en matériau imperméable de rayon ρ n'est pas simple, en ce sens que la section de la sphère par un plan horizontal n'est pas constante mais varie avec la cote x de ce plan (fig. 27). On décompose donc l'élément central contenant la sphère en couches élémentaires d'épaisseur Δx dont on calcule la résistance hydraulique ΔR_1. Cette résistance ΔR_1 résulte de la composition en parallèle de la résistance infinie du segment sphérique épais de Δx et de la résistance du sol à l'écoulement dont la valeur est :

$$\frac{\Delta x}{Ko\,[L^2 - 3,14\,k^2]} = \frac{\Delta x}{Ko\,[L^2 - 3,14\,\rho^2 + 3,14\,x^2]} \cdot$$

On obtient $\dfrac{1}{\Delta R_1} = \dfrac{1}{\infty} + \dfrac{1}{\Delta x/K_o\,[L^2 - 3,14\,\rho^2 + 3,14\,x^2]}$

$$\text{d'où } \Delta R_1 = \frac{\Delta x}{K_o\,[L^2 - 3,14\,\rho^2 + 3,14\,x^2]} \cdot$$

La résistance de l'élément central est $R_1 = \displaystyle\int_{-\rho}^{+\rho} \frac{dx}{K_o\,[L^2 - 3,14\,\rho^2 + 3,14\,x^2]} \cdot$

Une intégration numérique réalisée pour L = 5 cm et ρ = 2 cm donne R_1 = 0,250/Ko. La résistance totale résulte de la composition en série de R_1 et de la résistance R_2 de la partie sans cailloux 0,04/Ko, ce qui donne 0,294/K_o. Cette valeur est

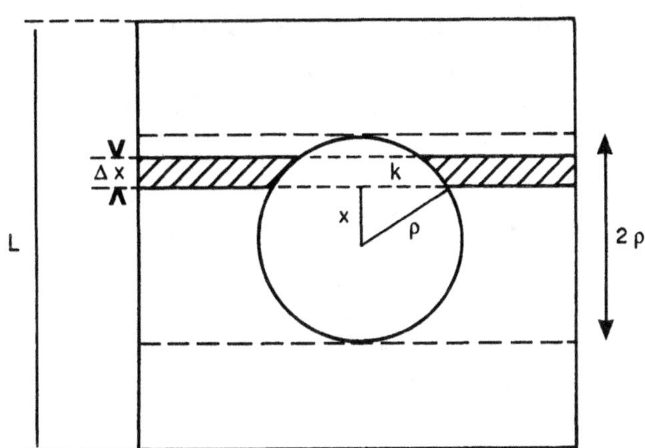

Figure 27 – Résistance hydraulique d'une cellule du réseau contenant une sphère imperméable.

sensiblement identique à la résistance offerte à l'écoulement par un cube de même volume 0,291/Ko. Pour une teneur volumique en cailloux de 26 %, la résistance hydraulique n'est pas modifiée par la forme cubique ou sphérique de l'élément grossier, pourvu que son volume soit inchangé.

Indiquons enfin qu'avec un cube de même arête que le diamètre de la sphère, la résistance est 0,48/Ko, vraisemblablement en partie à cause de l'augmentation de la teneur volumique qui est alors de 51 %.

Variation linéaire de la perméabilité avec la teneur en cailloux

Dans une analyse qui ne concerne que les cailloux non poreux, RAVINA et MAGIER (1984) considèrent que ceux-ci diminuent la section de sol utile pour l'écoulement. Ils admettent que la proportion de section occupée par les cailloux est en moyenne égale à leur teneur volumique. De ce fait, la réduction de perméabilité est proportionnelle à la teneur volumique C_v ; K^* étant la perméabilité résultante et K_o la perméabilité de la terre fine : $K^* = K_o - K_o\, C_v = K_o\,(1 - C_v)$. Ces auteurs assimilent un rapport de section à un rapport de volume, comme on le fait pour évaluer la teneur volumique à partir de la fraction de section d'une coupe de sol occupée par les cailloux. Comme on l'a vu (cf. p. 36), cette assimilation n'est licite que si on prend la moyenne des observations sur plusieurs coupes de sol.

Variation hyperbolique de la perméabilité avec la teneur en cailloux

PECK et WATSON (1949) appliquent à la conductivité hydraulique des analyses théoriques réalisées pour la conductivité thermique, en transposant des résultats d'électromagnétisme (CARSLAW et JAEGER, 1959 - cf. p. 74). Par une autre voie, De VRIES (1963) calcule l'influence d'inclusions sur la conductivité thermique globale d'un milieu (cf. p. 75). Lorsqu'une seule catégorie d'inclusion existe, les résultats de De VRIES sont identiques à ceux de CARSLAW et JAEGER.

Dans un milieu de perméabilité K_o, sont inclus des éléments grossiers de perméabilité K_1 dont la teneur volumique est C_v, la perméabilité K^* du nouveau milieu ainsi constitué est donnée par :

$$K^* = \frac{3K_o\, K_1\, C_v + (2\,K_o + K_1)\, K_o\,(1 - C_v)}{3\,K_o\, C_v + (2\,K_o + K_1)\,(1 - C_v)},$$

$$\text{ou } K^* = K_o\, \frac{(3\,\frac{K_1}{K_o})\, C_v + (2 + \frac{K_1}{K_o})\,(1 - C_v)}{3\,C_v + (2 + \frac{K_1}{K_o})\,(1 - C_v)}.$$

Lorsque les cailloux ne sont pas poreux, $K_1 = 0$ et $K^* = \dfrac{2K_o\,(1 - C_v)}{2 + C_v}$,

Ces formules sont valables en régime permanent d'écoulement, ce qui n'implique pas *a priori* que le sol soit saturé. Les cailloux ne doivent pas être trop rapprochés, de façon que les perturbations apportées à l'écoulement par chacun d'eux n'interfèrent pas avec les perturbations provoquées par les autres, ce qui implique que la teneur en cailloux ne soit pas trop élevée. Sinon la formule sous estime la réduction de perméabilité qu'ils provoquent lorsqu'ils ne sont pas poreux (PECK et WATSON, 1979). Comme ces résultats ont été obtenus avec des inclusions qui sont des sphères, les éléments grossiers ne doivent pas trop en différer par leur forme. La formule avec éléments grossiers poreux implique que ceux-ci transmettent de l'eau et donc puissent s'humecter à partir du sol en tout ou partie.

Le rapport K^*/K_o est une fonction homographique de la teneur volumique C_v, avec pour les éléments perméables le paramètre K_1/K_o. Dans ce dernier cas, pour l'intervalle de variation $[0-1]$ de C_v, cette fonction se représente par une branche d'hyperbole croissante ou décroissante selon que la perméabilité des éléments grossiers est supérieure ou inférieure à celle des cailloux (fig. 28 a et b).

Comparaisons entre les formules donnant le rapport K*/Ko

Comme la formule linéaire n'existe que pour les cailloux non poreux, nous ne considérerons que les formules établies dans cette hypothèse. Toutes ces expressions donnent les mêmes résultats pour les valeurs extrêmes de la teneur en cailloux volumique : $K^* = K_o$ pour $C_v = 0$ (pas de cailloux) et $K^* = 0$ pour $C_v = 1$ (pas de terre fine).

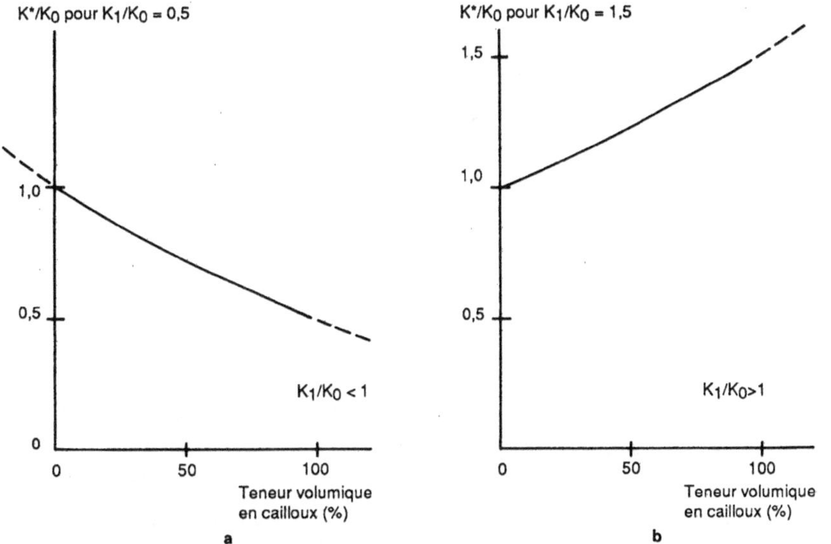

Figure 28 – Influence de la teneur volumique C_v en cailloux poreux (perméabilités K_1) sur le rapport de la perméabilité globale K* du sol, à la perméabilité de la terre fine Ko. a) cailloux moins perméables que la terre fine, b) cailloux plus perméables que la terre fine.

La formule linéaire est représentée par un segment de droite aux extrémités duquel passent les courbes représentant les deux autres formules.

Pour comparer les deux formules non linéaires, nous avons dessiné leurs courbes représentatives (fig. 29). La formule issue du calcul par les résistances hydrauliques donne des valeurs toujours un peu supérieures à celles de l'équation de PECK et WATSON. Les différences sont assez faibles et au maximum égales à 8,3 % de la valeur donnée par l'équation de PECK et WATSON ; la teneur volumique correspondant à ce maximum est de 60 %. Donc, malgré leurs origines très différentes, ces deux équations donnent sensiblement les mêmes résultats.

Comparons maintenant l'équation linéaire à l'équation de PECK et WATSON. Cette dernière donne des valeurs inférieures à celles de la formule linéaire. Pour les faibles valeurs de C_v, la formule linéaire apparaît comme une approximation de la formule hyperbolique. En effet, si C_v est petit et égal à ε,

$$K*/K_o = 1 - \varepsilon \text{ (formule linéaire) et } K*/K_o = \frac{2\,(1-\varepsilon)}{2+\varepsilon} \simeq 1 - \varepsilon$$

(équation de PECK et WATSON). Il n'en est pas de même pour les valeurs de C_v voisines de 1.

En posant $1 - C_v = \varepsilon$ ou $C_v = 1 - \varepsilon$, la formule linéaire devient :

$$1 - C_v = 1 - (1 - \varepsilon) = \varepsilon \text{ et la formule hyperbolique : } \frac{2\,[1-(1-\varepsilon)]}{2+1-\varepsilon} \simeq \frac{2}{3}\varepsilon.$$

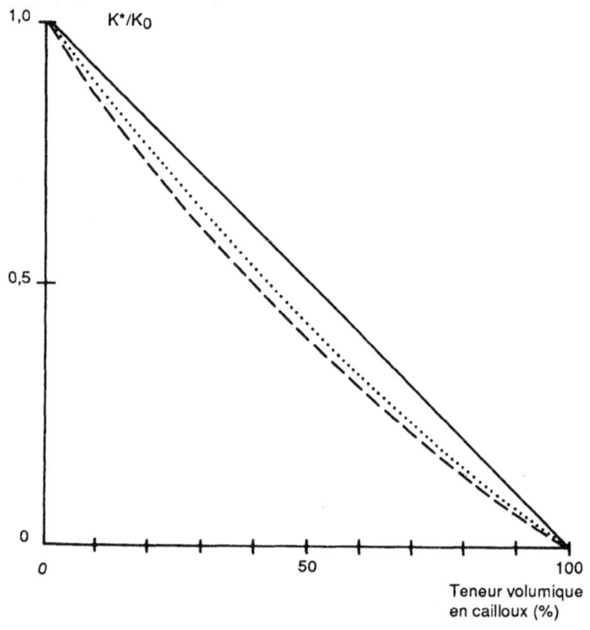

Figure 29 – Influence de la teneur volumique en cailloux non poreux C_v sur le rapport de la perméabilité globale du sol K* à la perméabilité Ko de la terre fine. Comparaison de trois courbes théoriques : RAVINA et MAGIER (1984) (trait plein) – PECK et WATSON, 1979 (tireté) – Résistance hydraulique (pointillé).

Ce n'est donc que pour les faibles teneurs volumiques que les différences sont acceptables : par exemple pour $C_v = 15\,\%$, la formule linéaire donne 0,85 et l'autre 0,79. Aussi, parmi les formules théoriques proposées, les deux qui sont des fonctions non linéaires donnent des résultats voisins, la fonction linéaire donnant des résultats plus élevés que les autres, la différence étant cependant acceptable pour les faibles teneurs en cailloux.

Cinétique d'humectation d'un sol sec en présence d'éléments grossiers (Gras, 1971)

Dans l'humectation d'un sol sec, le potentiel matriciel de l'eau ψ intervient en plus des potentiels gravifique et de pression, puisqu'au niveau du front humide le sol exerce une succion sur l'eau. On considèrera trois modalités d'humectation. Pour deux d'entre elles, l'humectation verticale avec plan d'eau et l'humectation horizontale, des bases théoriques sont utilisables pour déterminer l'avancement du front humide. Dans le cas de l'humectation verticale sans établissement de plan d'eau, on ne dispose pas de telles bases, mais d'une formule simple d'avancement du front humide. Nous allons exposer d'abord les bases théoriques nécessaires pour obtenir la cinétique du front humide dans les diverses modalités d'alimentation en eau ; à cet effet, le débit sera exprimé de deux façons.

Dans le cas de l'humectation avec plan d'eau, la loi de DARCY fournit une première expression du débit dQ/dt. Une lame d'eau d'épaisseur constante « u » est établie au sommet du tube, z étant la cote du front humide comptée à partir de ce sommet (fig. 30). La différence de potentiel gravifique entre le haut du tube et le niveau du front humide est « z » ; ces différences sont « u » pour le potentiel de pression et $-\psi$ pour le potentiel matriciel. Il vient $dQ/dt = K_o S \dfrac{z + u - \psi}{z}$, K_o étant la perméabilité du milieu supposé saturé et S la section du tube.

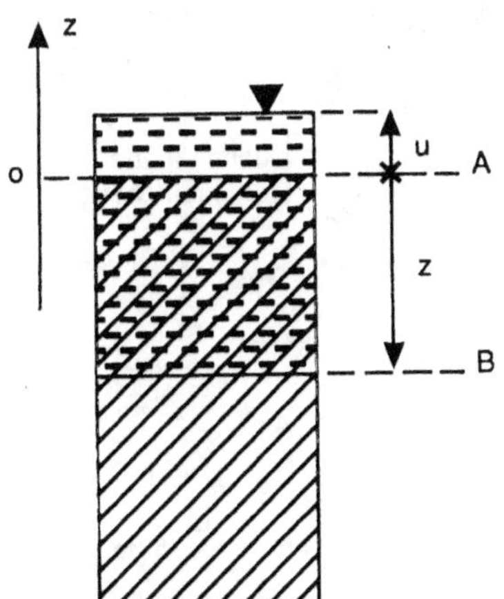

Figure 30 – Calcul du débit dans un sol en voie d'humectation avec une lame d'eau d'épaisseur constante « u » en surface. Le potentiel gravifique ayant la valeur 0 en A et $-z$ en B, la différence est $0 - (-z) = z$. La pression atmosphérique étant p_a, le potentiel de pression est $u + p_a$ en A et p_a en B, d'où la différence u. Le potentiel matriciel (négatif) étant nul en A et ayant la valeur ψ en B, la différence est $0 - \psi = -\psi$.

Une autre expression du débit est obtenue en dérivant par rapport au temps t l'expression de la quantité d'eau Q emplissant la porosité P jusqu'à la cote z :

$$Q = PSz. \text{ Il vient } dQ/dt = D = P\,S\,\frac{dz}{dt}, \text{ d'où } PS\,\frac{dz}{dt} = K_oS\,\frac{z+u-\psi}{z}.$$

Par intégration et calcul de la constante d'intégration en écrivant que pour

$$t = 0,\ z = 0 : z + (-\psi + u)\,\log_e\frac{-\psi+u}{z-\psi+u} = \frac{K_ot}{P}.$$

En fait, un bilan de l'eau sur la profondeur humectée montre que la quantité d'eau qui a pénétré dans la terre ne représente qu'une fraction (0,74) de la porosité de la profondeur humectée. De ce fait, la perméabilité K_o du sol saturé n'est plus utilisable et l'expression précédente s'écrit sous la forme

$$z + (-\psi + u)\,\log_e\frac{-\psi+u}{z-\psi+u} = At.$$

Le quotient du premier membre de l'expression par t donne A, les autres éléments nécessaires au calcul (u, ψ, z, t) étant mesurés. A est sensiblement constant au cours d'une expérience. La courbe représentant l'expression précédente rend correctement compte des résultats expérimentaux.

L'humectation horizontale est réalisée dans les dispositifs de la figure 31. Dans ce cas, seul intervient le potentiel matriciel ψ, et x étant l'abscisse du front humide, $dQ/dt = K_oS\ \psi/x$. La quantité d'eau Q ayant humecté la longueur x du filtre :

$$Q = PSx, \text{ d'où } D = \frac{dQ}{dt} = PS\,\frac{dx}{dt} \text{ et } PS\,\frac{dx}{dt} = K_oS\ \psi/x,$$

ce qui donne $x = \sqrt{2\,Ko\,\psi/P}\,\sqrt{t}$. Comme on n'est pas assuré que la terre soit saturée en deçà du front humide, on écrit $x = B\sqrt{t}$. On a constaté expérimentalement que l'abscisse x du front humide est proportionnelle à $\sqrt{t}$.

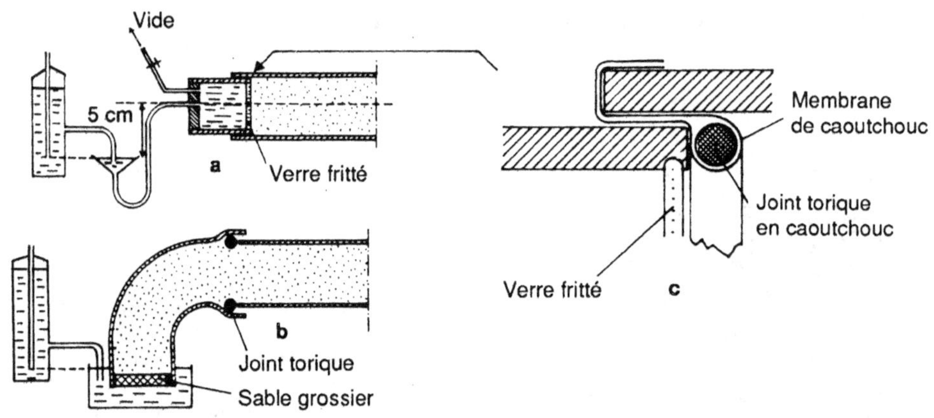

Figure 31 – Humectation horizontale.
a : dispositif avec tube portant une plaque de verre frittée, b : dispositif avec tube coudé, c : détail du dispositif a.

Lorsqu'on alimente en eau par son sommet un tube vertical de terre, avec un débit constant tel qu'une lame d'eau ne s'établisse pas à la surface, on constate qu'après une phase d'établissement la cote z du front humide est proportionnelle au temps (FEODOROFF, 1965). Une fois que la cote z a atteint la cote z_o à partir de laquelle la proportionnalité avec le temps est obtenue $z = z_o + V_o(t-t_o)$, V_o étant la vitesse constante de déplacement du front.

Pour les essais, un sable dit de Fontenay a été utilisé de façon à réduire le gonflement et le retrait au voisinage de l'élément grossier. Sa composition granulométrique était la suivante : fraction 0-2 µm : 5 % ; 2-20 µm : 0,9 % ; 20-50 µm : 1,1 %, le reste était constitué de particules de diamètre compris entre 50 µm et 2 mm. Les tubes de diamètre intérieur 5 cm contenaient chacun un élément grossier et étaient remplis de sable.

Expériences avec éléments grossiers non poreux

Les éléments grossiers sont constitués par des cylindres hauts de 11 cm de sections différentes. Les points expérimentaux obtenus avant que le front humide n'atteigne l'élément grossier permettent de calculer la constante A de l'expression

$$z + (-\psi + u) \log \frac{(-\psi + u)}{z - \psi + u} = At.$$

Au passage du cylindre, la vitesse du front humide augmente puis diminue une fois qu'il est dépassé. On note par ailleurs que la quantité d'eau infiltrée dans la terre diminue dès que le front humide atteint le cylindre. Il y a donc un effet en retour de l'écoulement de l'eau, réglé par la résistance hydraulique, sur le débit effectivement admis dans le tube. Quoique la porosité de la terre ne soit pas saturée d'eau, on a tenté d'utiliser les résistances hydrauliques pour rendre compte de la cinétique du front humide. Par analogie avec ce qui a été fait pour établir l'équation implicite reliant z à t, on considère (fig. 32) la cote z_2 du front humide comptée à partir du haut de l'élément grossier, S étant la section du tube, s la section de

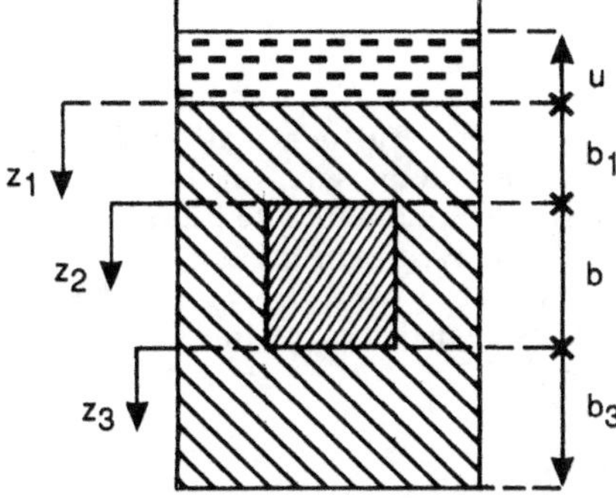

Figure 32 – Etablissement de l'équation donnant la cinétique du front humide en présence d'un élément grossier. Humectation avec plan d'eau.

l'élément grossier et K_o le coefficient de perméabilité de la terre fine. Une première expression du débit est

$$D = \frac{-\psi + u + b_1 + z_2}{b_1/K_o S + z_2/K (S - s)} \; ; \text{ une deuxième expression } D = P (S - s) \frac{dz_2}{dt} .$$

En égalant ces deux expressions :

$$P (S - s) \frac{dz_2}{dt} = \frac{-\psi + u + b_1 + z_2}{b_1/KS + z_2/K_o (S - s)} .$$

Après intégration, l'équation implicite reliant z_2 à t est :

$$z_2 + [\frac{b_1 (S - s)}{S} (-\psi + u + b_1)] \log_e \frac{-\psi + u + b_1 + z_2}{-\psi + u + b_1} = \frac{K_o t}{P} .$$

On remplace K_o/P par la valeur A, calculée à partir des points expérimentaux obtenus avant que le front humide atteigne l'élément. Un calcul analogue est fait pour la section de longueur b_3. Ceci permet de calculer l'avancement du front humide et la comparaison entre les mesures et les résultats du calcul est donnée par la figure 33. Précisons que certainement, par suite des difficultés de remplissage des tubes, l'accord entre le calcul et la mesure n'existe que pour certains tubes.

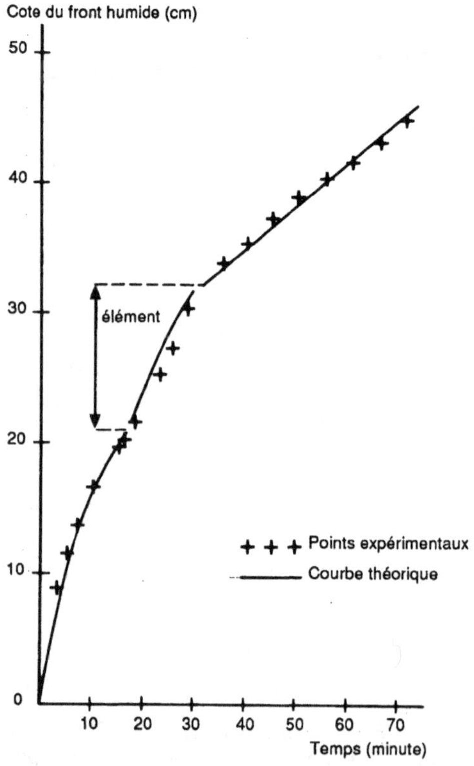

Figure 33 – Influence d'un élément grossier non poreux sur la cinétique du front humide lors de l'humectation verticale avec plan d'eau.
Valeurs observées (croix) et calculées par les résistances hydrauliques (trait plein).

Pour l'humectation horizontale (fig. 34), on constate également une augmentation de vitesse du front humide au niveau de l'élément. Là aussi le calcul théorique basé sur la résistance hydraulique donne une bonne prévision, sauf une fois que le front humide est au-delà de l'élément grossier. Pour cette série d'essais, la concordance calcul réalité est bien meilleure que pour l'humectation verticale avec plan d'eau, peut-être à cause d'un emprisonnement d'air moindre du fait du déplacement plus lent du front humide. Dès que le front humide parvient au niveau de l'élément, le débit d'eau absorbé diminue, ce qui correspond aussi à une rétroaction des conditions d'écoulement dans le milieu poreux sur le débit d'eau qui y pénètre.

Enfin, pour l'humectation verticale sans plan d'eau, la relation linéaire entre z et t facilite l'examen des résultats (fig. 35). L'augmentation de vitesse est particulièrement nette, on peut préciser son importance, en calculant par ajustement linéaire la pente des divers segments de droites, ce qui donne les vitesses de front V_o avant qu'il atteigne l'élément, V_1 pendant que le front est à son niveau et V_2 une fois l'élément dépassé. Par exemple, en attribuant à V_o la valeur 1, la valeur de V_1 est de 1,447 et celle de V_2 est 1,059 ; la vitesse V_2 reprend donc la valeur de V_o à 6 % près. Le rapport V_1/V_o est lié au rapport de la section occupée par le sable mais de façon non linéaire, puisque la vitesse V_1 croît moins que ne l'impliquerait la réduction de section. Tout se passe comme si la réduction de section était compensée par un taux de remplissage plus élevé de la porosité.

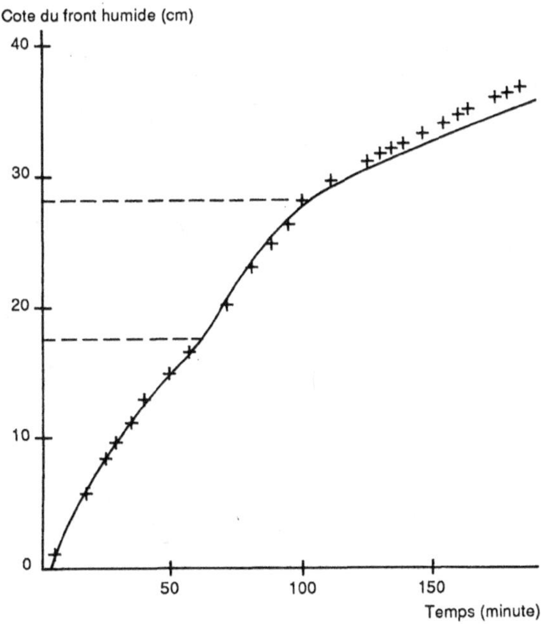

Figure 34 – Influence d'un élément grossier non poreux sur la cinétique du front humide lors de l'humectation horizontale. Valeurs observées (croix) et calculées par les résistances hydrauliques (trait plein).

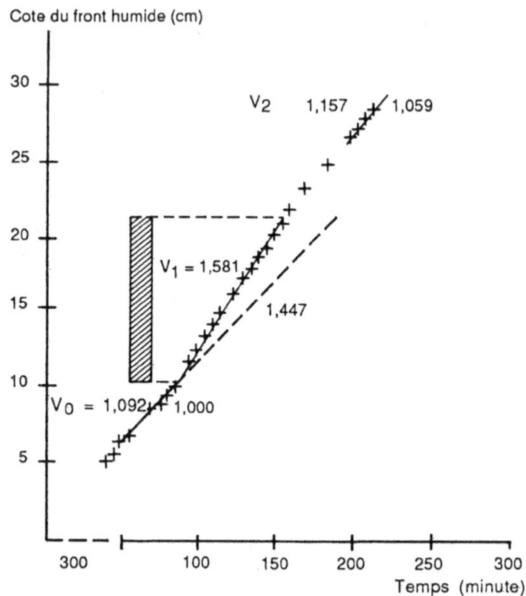

Figure 35 – Influence d'un élément grossier non poreux sur la cinétique du front humide dans l'humectation verticale sans plan d'eau.
Valeurs observées (croix) et calculées par les résistances hydrauliques (trait plein).

Expériences avec éléments grossiers poreux

Ces éléments au nombre de trois avaient des volumes analogues. Les caractéristiques des matériaux qui les constituaient, données dans le tableau 13, étaient très différentes par leur perméabilité en conditions saturées et par la finesse de leurs pores. C'étaient des prismes droits à base carrée.

Tableau 13 – Caractéristiques des matériaux poreux constituant les éléments grossiers.

	Perméabilité (cm. s^{-1})	Rayon équivalent du pore le plus large (µm)	Succion exprimée en hauteur d'eau (cm)
craie	$1,5.10^{-5}$ à 5.10^{-5} moy. $3,2.10^{-5}$ [1]	1	2 200 [2]
calcaire à milioles	$5,3.10^{-6}$	> 25	1,8
massif de billes de verre	$2,5.10^{-1}$	500	2,5

1. valeur approximative, la craie ne suivant pas la loi de Darcy.
2. valeur théorique calculée.

Les effets sur la vitesse du front humide sont spécifiques des éléments et ceci, quel que soit le mode d'humectation. Cette vitesse diminue avec la craie, augmente légèrement pour le calcaire à milioles et augmente de façon sensible avec le massif de billes de verre. La mesure de l'humidité de l'élément grossier à la fin de l'expérience fournit des éléments d'explication. Cette humidité était quasi nulle pour le massif de billes de verre qui s'est comporté dans l'expérience comme un matériau non poreux dont on sait que la présence accélère le déplacement du front humide. De plus, pour la craie et le calcaire à milioles, on dispose d'observations sur la façon dont l'élément grossier s'humecte en cours d'expérience par l'intermédiaire d'un dispositif particulier (fig. 36).

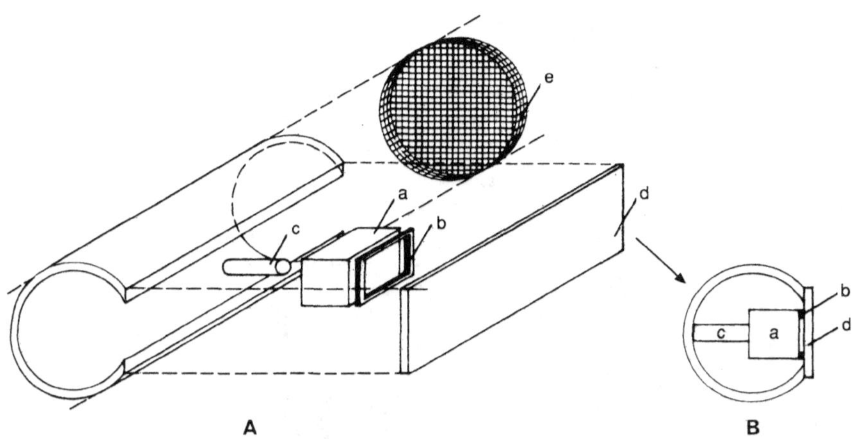

Figure 36 — Dispositif expérimental pour l'observation des déplacements relatifs des fronts humides dans le sable et dans l'élément grossier
A : vue en perspective du dispositif démonté.
B : coupe normale à l'axe. a) élément grossier, b) joint de caoutchouc, c) bouchon de caoutchouc jouant le rôle d'un ressort, d) paroi plane transparente, e) grillage. Les colliers de serrage maintenant l'ensemble ne sont pas représentés.

La craie qui, en fin d'expérience, a une humidité voisine de la saturation s'humecte convenablement mais avec un certain retard pour l'alimentation sans plan d'eau (fig. 37, en haut à gauche). Le mode d'apport d'eau intervient par l'intermédiaire de la vitesse d'avancement du front humide dans le sable. Cette vitesse est relativement lente pour l'alimentation sans plan d'eau et la trace du front humide dans la craie est sensiblement une droite, ce qui provient du fait que l'humectation par les faces latérales de l'élément commence assez tardivement. Dans l'alimentation avec plan d'eau, le front humide avance plus vite dans la craie et prend plus rapidement une allure courbe parce que la craie reçoit de l'eau à la fois par la face supérieure et par les faces latérales.

L'humidité moyenne du calcaire à milioles est inférieure à la saturation et l'examen de la figure 37 (à droite) montre que la trace du front humide est une courbe fermée, l'eau ayant pénétré seulement dans la partie externe du prisme et avec des épaisseurs diverses suivant le mode d'alimentation en eau du sable. Dans les tubes verticaux, la partie humectée est plus mince pour l'expérience avec plan d'eau qui a duré 5 minutes que pour l'expérience sans plan d'eau qui a

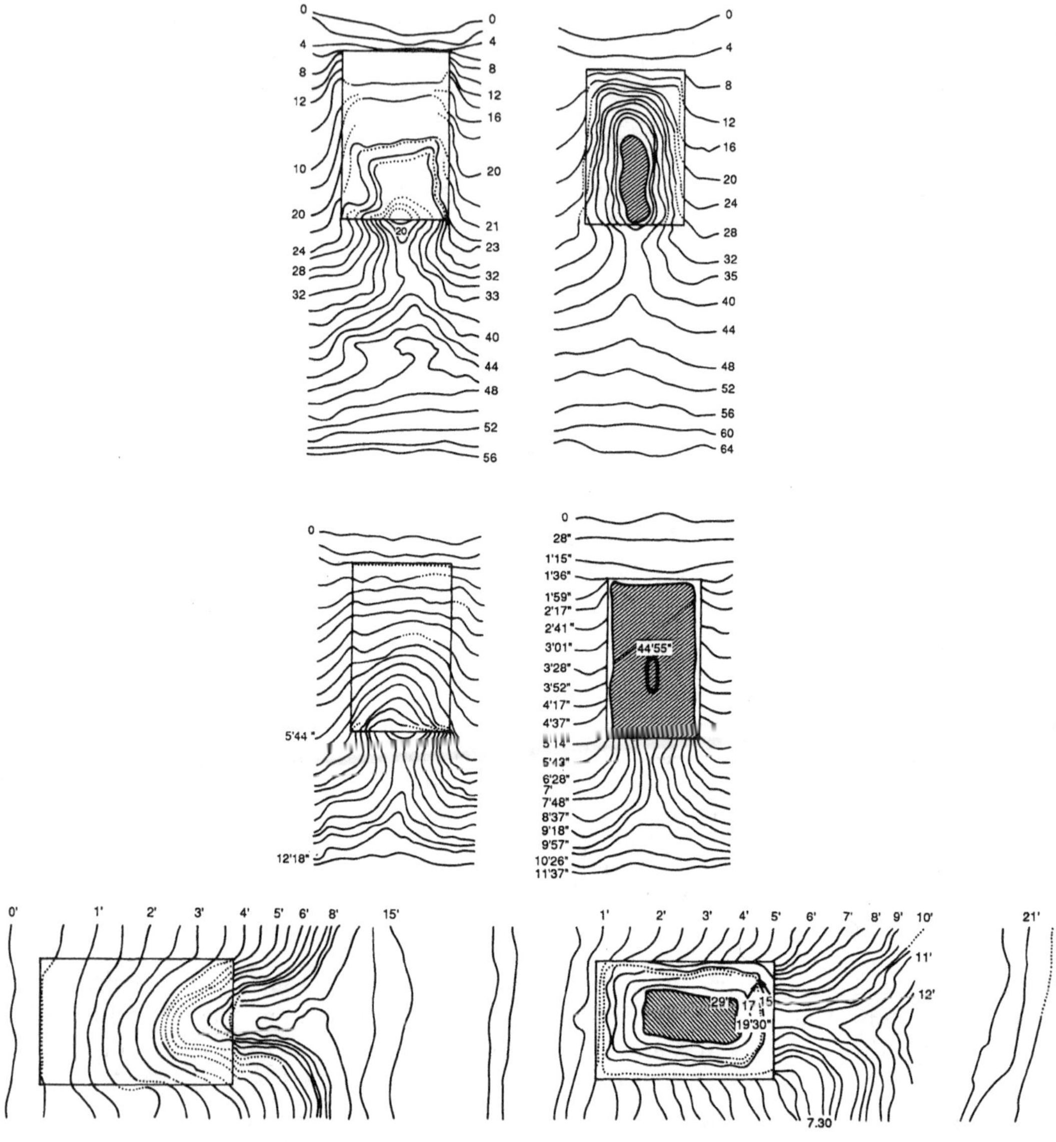

Figure 37 – Mouvement du front humide dans les éléments grossiers poreux et dans le sable.
A gauche : craie, à droite : calcaire à milioles. De haut en bas : humectation verticale du sol sans plan d'eau, humectation verticale avec plan d'eau et humectation horizontale.

duré 30 minutes. Il y aurait donc un effet de la durée confirmé par le fait que la quasi totalité de l'élément est humide au bout de 45 minutes d'alimentation avec plan d'eau. Mais la durée n'explique pas tout, puisque le temps correspondant est seulement de 6 minutes dans le tube horizontal ; il est possible dans ce dernier cas que le dégazage soit facilité par l'absence de lame d'eau à la partie supérieure de l'échantillon. Remarquons à ce sujet que le taux de saturation du sable est le plus faible dans le tube vertical alimenté sans plan d'eau, ce qui entraverait moins l'expulsion de l'air lors de l'humectation du calcaire à milioles. Par ailleurs, la pénétration de l'eau par toute la surface latérale du fragment de calcaire facilite l'emprisonnement d'air dans celui-ci.

Il faut remarquer que les expériences auraient été plus comparables, si les observations avaient été faites aux mêmes époques pour toutes les catégories d'humectation ; en fait cela n'était pas possible, les vitesses de déplacement du front humide dans le sable étant très différentes d'un mode d'humectation à l'autre.

En définitive, c'est la cinétique d'humectation de l'élément grossier au détriment de la terre fine qui détermine la cinétique de déplacement du front humide dans celle-ci. L'humectation de l'élément grossier fera l'objet d'une analyse plus approfondie dans la rubrique transferts réciproques d'eau entre la terre et les cailloux.

On peut poursuivre l'interprétation, en répartissant dans la couche de sol renfermant le prisme la quantité élémentaire d'eau dQ qui entre en une quantité dQ_1 absorbée par la terre fine et une quantité dQ_2 absorbée par le prisme : $dQ = dQ_1 + dQ_2$. Ceci n'est certainement qu'une première approximation de la réalité, une fraction de dQ pouvant augmenter l'humidité de la terre fine lorsqu'elle a été humectée en deçà de sa saturation. La quantité d'eau dQ_1 peut s'exprimer en remarquant que le volume de sol humecté pendant que le front humide a avancé de dz est $(S - s)\, dz$, S étant la surface de section du tube et s la surface de section de l'élément grossier. Il vient $dQ_1 = A\,(S - s)\,dz$, A étant une constante de proportionalité et $dQ = A\,(S - s)\,dz + dQ_2$. En divisant par dt, on fait apparaître la vitesse $(dz/dt)_E$ du front humide au niveau de l'élément grossier :

$$\frac{dQ}{dt} = A\,(S - s)\left(\frac{dz}{dt}\right)_E + \frac{dQ_2}{dt}, \text{ ce qui donne } \left(\frac{dz}{dt}\right)_E = \frac{dQ/dt - dQ_2/dt}{A\,(S - s)}.$$

Lorsque l'élément grossier n'absorbe pas d'eau soit parce qu'il n'est pas poreux soit parce qu'étant poreux, il ne peut retirer de l'eau à la terre fine :

$$dQ_2/dt = 0 \text{ et } \left(\frac{dz}{dt}\right)_E = \frac{dQ/dt}{A\,(S - s)},$$

la vitesse du front est augmentée par rapport à ce qu'elle serait en l'absence d'élément :

$$\left(\frac{dz}{dt}\right) = \frac{dQ/dt}{A\,S}.$$

Si l'élément grossier absorbe de l'eau, deux effets antagonistes coexistent :
- le volume de la terre fine à humecter diminue, ce qui tend à accélérer la progression du front humide dans la terre fine comme si les cailloux n'étaient pas poreux ;
- la quantité d'eau disponible pour humecter la terre diminue, ce qui tend à retarder l'avancement du front humide dans celle-ci.

Calculons le rapport de la vitesse avec élément $(\frac{dz}{dt})_E$ à la vitesse sans celui-ci $(\frac{dz}{dt})$.

$$(dz/dt)_E \,/\, (dz/dt) = \frac{dQ/dt - dQ_2/dt}{A\,(S-s)} \cdot \frac{A\,S}{dQ/dt} = \left(1 - \frac{dQ_2/dt}{dQ/dt}\right) \cdot \frac{S}{S-s}.$$

Si le rapport des vitesses est > 1, $(dz/dt)_E > (dz/dt)$ et $\left(1 - \dfrac{dQ_2/dt}{dQ/dt}\right) \cdot \dfrac{S}{S-s} > 1$ ou

$$1 - \frac{dQ_2/dt}{dQ/dt} > 1 - \frac{s}{S} \quad \text{ou} \quad -\frac{dQ_2/dt}{dQ/dt} > -\frac{s}{S}, \quad \frac{dQ_2/dt}{dQ/dt} < \frac{s}{S}.$$

Lorsque la fraction du débit d'entrée absorbée par l'élément est inférieure au rapport de sa section à celle du tube, le déplacement du front humide est accéléré. On montrerait de même que le déplacement du front humide est ralenti si $\dfrac{dQ_2/dt}{dQ/dt} > \dfrac{s}{S}$. Le rapport s/S caractérise la teneur volumique en éléments grossiers dans la couche de sol considérée.

Les constatations précédentes se transposent ainsi au milieu naturel. Les cailloux non poreux et poreux, qui ne sont pas susceptibles de s'humecter au détriment de la terre fine, ont le même comportement dans un sol en voie d'humectation. La vitesse du front humide augmente au voisinage du caillou puis diminue une fois son niveau franchi, dans les cas où l'alimentation en eau du sol n'est pas limitante, c'est-à-dire en présence d'eau libre : lame d'eau existant à la surface du sol (humectation verticale) ou sur le coté (humectation latérale, à partir d'un canal, par exemple). La présence de cailloux modifiant la résistance hydraulique du sol en place, et par voie de conséquence, sa perméabilité globale, c'est celle-ci qui détermine le débit absorbé par le sol. Mais cet effet est très atténué dans le cas de l'alimentation par le haut sans plan d'eau, l'humidité étant beaucoup plus éloignée de la saturation que dans les autres expériences ; la réduction de section serait alors en partie compensée par une augmentation de la quantité d'eau circulant dans les pores au niveau de l'élément.

Lorsque les cailloux poreux sont susceptibles de s'humecter au détriment de la terre en voie d'humectation, leur présence peut accélérer ou réduire la vitesse du front humide à leur niveau, le critère correspondant comparant deux rapports : débit absorbé par les cailloux/débit alimentant le sol et surface de section des cailloux/surface de section du sol.

Constatations et mesures faites *in situ*

Il peut s'agir de simples constatations comme celles de LUTZ et CHANDLER (1946) :
la présence de cailloux rend la terre fine plus poreuse et permettrait une meilleure
pénétration de l'eau. Dans ce cas, les cailloux interviennent sur la structure même
de la terre fine.

Des constatations plus précises ont été faites sur des dispositifs d'étude de l'érosion
qui permettent de comparer des vitesses d'infiltration calculées à partir de mesures
de ruissellement. Au laboratoire, GRANT et STRUCHTEMEYER (1959) ont constaté
que l'enlèvement des cailloux diminue la vitesse d'infiltration, d'autant plus que
la dimension limite au-dessus de laquelle les cailloux sont enlevés est plus petite.
SAINI et GRANT (1980) rapportent des résultats d'essais *in situ* (EPSTEIN et
GRANT,1966 - EPSTEIN *et al.*, 1966) : l'infiltration annuelle dans un sol de limon
graveleux qui était de 47,7 cm d'eau pour le témoin à l'état naturel passe à 43,8 cm
après épierrage ; lorsque les cailloux sont enlevés, broyés et réincorporés au sol,
la lame d'eau infiltrée est de 45,4 cm. EDWARDS *et al.* (1984) comparent deux
bassins versants voisins, le sol de l'un ayant un horizon profond riche en cailloux
(75 % en volume). Le ruissellement est plus faible sur le sol comportant des cailloux en profondeur mais il n'est pas possible d'interpréter facilement cette consta-
tation, les cultures et les techniques culturales étant différentes pour les deux
bassins versants. D'après d'autres essais (BOX, 1981), la couverture du sol par les
cailloux a le même effet sur l'érosion qu'une couverture de matière organique.

L'augmentation de l'infiltration résulte d'un effet améliorant sur la structure. A
l'effet protecteur des cailloux sur la structure à l'intérieur du sol (chap. 4) s'ajoute
une action spécifique à la surface du sol, la limitation de la « battance ». Les éléments grossiers protègent une fraction de la surface du sol de l'impact direct des
gouttes d'eau. Une partie de l'énergie mise en jeu lors de cet impact est dissipée
sur les cailloux eux-mêmes, ce qui réduit d'autant la dégradation de la structure
de la surface du sol à découvert. Enfin, la présence de pierres ralentit la vitesse
de déplacement de l'eau de ruissellement, ce qui en augmente la part infiltrée.

Ce sont essentiellement ces effets qui sont responsables de la diminution de l'érosion hydrique. D'après SAINI et GRANT (1980), un limon cultivé en pomme de
terre a perdu en six ans 36 % de plus de terre à la suite de son épierrage. SEGINER
et al. (1962) indiquent que l'enlèvement de pierres couvrant 28 à 62 % de la surface
du sol a augmenté treize fois l'intensité de l'érosion. La présence de cailloux dans
le sol conduit à diminuer le facteur d'érodibilité (kg de terre par ha et par mm
de pluie) de l'équation universelle de perte de sol du Service de conservation des
sols des Etats Unis (Mc CORMACK *et al.*, 1984 - BOX et MEYER, 1984 - SIMANTON
et RAWITZ, 1984).

RUSSO (1983) a pu mesurer des perméabilités saturées *in situ* malgré des quantités
de cailloux élevées (de 37 % à 47 % en volume). Les cailloux étaient peu poreux :
masses volumiques apparentes variant de 2,56 à 2,58 kg · dm^{-3}. Une fois le régime

permanent établi, les gradients hydrauliques ont été mesurés à l'aide de tensiomètres. Les perméabilités diminuent lorsque les teneurs en cailloux augmentent, mais les points expérimentaux ne sont pas alignés, que l'on utilise la représentation de la loi linéaire ou celle de la loi hyperbolique, en ayant au préalable porté en abscisse $2 \cdot (1 - C_v) / (2 + C_v)$. Quoique la masse volumique de la terre fine soit constante (de 1,202 à 1,207 $kg \cdot dm^{-3}$), la perméabilité de l'horizon de surface semble beaucoup plus grande que ne le laisserait supposer la teneur en cailloux, la structure étant peut-être meilleure à cause de la teneur un peu plus élevée en argile améliorant l'agrégation.

Etudes expérimentales en conditions saturantes

Sous cette rubrique on regroupe des études sur des modèles de sols caillouteux et la reconstitution en laboratoire de tels sols.

Etude sur modèle de l'influence d'un élément grossier sur la perméabilité (Gras, 1971)

Le dispositif expérimental est obtenu en introduisant un matériau rigide poreux ou non, de forme géométrique définie (cylindre, prisme droit...) et de dimensions connues dans un volume également défini de terre. Celle-ci était la même que celle qui a été utilisée dans les expériences d'humectation, sa perméabilité K_o en conditions saturantes était de $1,25.10^{-3}$ cm/s. Les tubes avaient un diamètre intérieur de 5 cm et une hauteur de 20 cm (tubes courts) ou de 48 cm (tubes longs). Les tubes courts ont été humectés avec précaution par capillarité, tandis que les tubes longs ont été humectés par le haut sans précaution particulière. On a vérifié au préalable que la valeur mesurée de la perméabilité du sable n'est pas modifiée par la longueur du tube et son mode d'humectation. Une lame d'eau d'épaisseur constante a été maintenue à la surface de la terre et les quantités d'eau transmises ont été recueillies et pesées pour calculer les débits.

Les résultats ont été interprétés en comparant les débits mesurés aux débits calculés au moyen du concept de résistance hydraulique.

Eléments grossiers non poreux

Dans ces expériences, les éléments grossiers étaient trois cylindres hauts de 11 cm et de diamètre 4 - 3,7 et 2,7 cm.

Chaque tube de section S et de longueur L est décomposé en trois éléments dont les résistances se composent en série. La section centrale qui contient l'élément grossier de section s a la même épaisseur que lui (fig. 38) et sa résistance R_2 est telle que :

$$\frac{1}{R_2} = \frac{1}{\infty} + \frac{1}{1/K_o \ (S - s)}, \ \text{d'où} \ R_2 = \frac{1}{K_o \ (S - s)} .$$

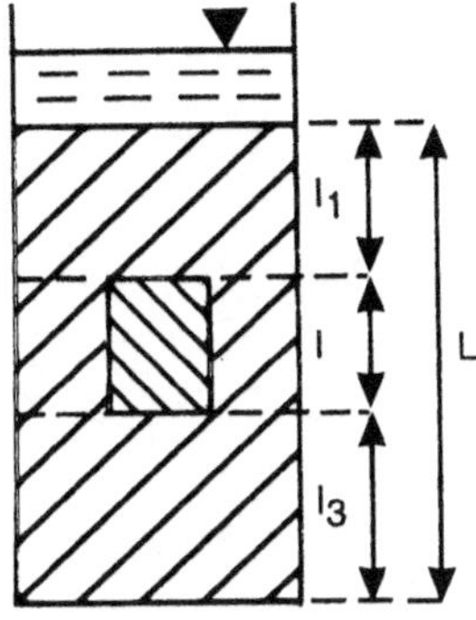

Figure 38 – Composition des résistances hydrauliques.

La résistance globale R* est donnée par $l_1/K_oS + l/K_o (S - s) + l_3/K_oS$ ou comme $L = l_1 + l + l_3$,

$$R* = \frac{L - l}{K_oS} + \frac{l}{K_o (S - s)} \cdot$$

Les débits des tubes diminuent lorsqu'ils contiennent un élément grossier. Désignons par C1, C2, C3 les débits des tubes contenant les cylindres de diamètre croissant et par T le débit du tube témoin, les débits se rangent ainsi par ordre croissant :

C3 C2 C2 C1 C2 C1   T T pour les tubes longs
C3 C3 C2 C1 C3   T T pour les tubes courts.

Le classement des débits ne coïncide pas strictement avec l'ordre inverse des sections des éléments grossiers. On voit apparaître certainement les conséquences d'une absence de tassement homogène du sable lors du remplissage en présence d'élément, malgré l'utilisation d'un piston percé en son centre pour compacter plus régulièrement le sable à ce niveau.

L'interprétation des résultats peut se poursuivre en comparant valeurs mesurées et calculées ; plus précisément pour disposer d'expressions homogènes, on comparera les rapports entre le débit D_1 du tube témoin et le débit D_2 du tube avec élément. Ce rapport peut s'établir à partir soit des mesures, ce qui donne $(D_1/D_2)m$ soit des calculs théoriques faisant intervenir la résistance hydraulique, ce qui donne $(D_1/D_2)c$. La figure 39 permet de faire ces comparaisons, la première bissectrice des axes étant le lieu des points pour lesquels les rapports sont égaux. Pour les tubes longs humectés par le haut, le rapport des débits mesurés est souvent supérieur au rapport des débits calculés, puisque deux mesures sur sept seulement sont dans le secteur délimité par les demi-droites de pente 0,85 et 1,15 passant par l'origine (erreur relative de 15 %). Dans la mesure où D_{1m} est peu différent de D_{1c} (identité des débits des témoins calculés et mesurés), on obtient $D_m > D_c$. Tout se passe comme si la perméabilité en présence de cailloux était plus élevée que prévue. Il faudrait faire intervenir un tassement moindre du sable soit dans sa masse, soit plutôt au voisinage de l'élément, mais on voit mal comment une humec-

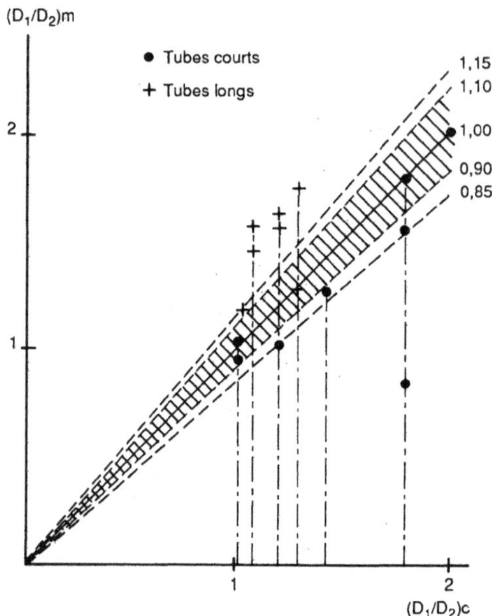

Figure 39 – Influence des éléments grossiers non poreux sur la filtration. Comparaison entre les rapports des débits mesurés (D1/D2)$_m$ et calculés au moyen des résistances hydrauliques (D$_1$/D$_2$)$_c$. Débit du tube témoin : D$_1$. Débit du tube contenant un élément grossier : D$_2$.

tation brutale pourrait accentuer les conséquences de ce moindre tassement. Pour les tubes courts humectés avec précaution, l'accord est bien meilleur puisque six mesures sur sept sont dans le secteur délimité par les deux droites de pente 0,85 – 1,15. Ce meilleur accord peut provenir d'un moindre emprisonnement d'air réduit par l'humectation de la colonne avec précaution.

Eléments grossiers poreux

On a choisi un matériau moins perméable que le sable, la craie ($3,2.10^{-5}$ cm/s) et un autre élément plus perméable que le sable ($2,5.10^{-1}$ cm/s). Il était réalisé à l'aide de billes de verre de diamètre compris entre 1 et 1,2 mm soudées ensemble par chauffage jusqu'à un début de fusion.

Les pores étroits du matériau le moins perméable se remplissent d'eau au détriment de la terre, comme on l'a vérifié au préalable; le tube correspondant a donc été préparé sans précaution particulière. Par contre, pour le massif de billes de verre, ses pores larges exerçaient sur l'eau une succion inférieure à celle exercée par le sable. Pour que ce matériau se sature, il a fallu remplir le tube en même temps qu'on l'humectait par le bas. A cet effet, on a augmenté successivement par petits incréments le niveau de sable, puis le niveau d'eau, ce qui a permis de saturer effectivement le massif de billes par de l'eau libre.

Une lame d'eau d'épaisseur constante a été ensuite maintenue à la partie supérieure des tubes une fois l'humectation terminée; les débits ont été mesurés par collecte d'eau à la base des tubes. Les débits théoriques sont calculés à partir de la résistance hydraulique, la perméabilité de la terre étant K_o et celle de l'élément K_1. La résistance R_2 de l'élément central d'épaisseur l et de section S est

$$1/R_2 = \frac{1}{l/K_1 s} + \frac{1}{l/K_o\ (S-s)}, \text{ d'où } R_2 = \frac{l}{K_o\ (S-s) + K_1\ s} ;$$

la résistance totale du filtre est

$$\frac{L-l}{K_oS} + \frac{l}{K_o\ (S-s) + K_1 s} .$$

Les rapports (D_1/D_2) entre le débit du témoin et le débit du filtre sont mesurés et calculés, ce qui donne deux valeurs que l'on compare (tabl. 14). Le matériau moins perméable que le sable diminue la perméabilité de l'ensemble et l'accord entre la mesure et le calcul théorique est excellent. Le massif de billes de verre plus perméable augmente la perméabilité de l'ensemble, toutefois avec une instabilité de débits donnant pour (D1/D2)m la valeur 0,93 pour la première heure - 0,87 pour la deuxième heure et 0,79 pour la troisième heure. Cette augmentation du débit D_2 avec le temps est difficilement explicable, et même pour la troisième heure, le rapport des débits mesurés dépasse le rapport des débits calculés.

Tableau 14 – Rapports entre le débit D_1 du tube témoin et le débit D_2 du tube contenant l'élément grossier pour les valeurs mesurées (m) et calculées (c) au moyen des résistances hydrauliques.

Matériau grossier	(D_1/D_2) m	(D_1/D_2) c	$\dfrac{(D1/D2)\ m - (D1/D2)\ c}{(D1/D2)\ m}$
craie	1,148	1,135	0,011
calcaire à milioles	1,289	1,175	0,088
billes de verre	0,79*	0,61	0,227

* valeur obtenue pour l'écoulement entre la 2e et la 3e heure.

Toutes ces expériences ont été réalisées avec des éléments grossiers saturés d'eau. La saturation correspondante s'obtient soit spontanément (craie) soit en prenant des précautions particulières (billes de verre). Il est vraisemblable que les éléments grossiers à pores larges s'humectent mal au détriment du sol. Un tel élément grossier risque de ne pas transmettre l'eau et donc de se comporter comme s'il était non poreux.

Lorsque l'élément grossier est moins perméable que le sol, tout en se saturant à son détriment, il peut se comporter comme s'il n'était pas poreux. La résistance hydraulique de l'élément central contenant le cailloux

$$\frac{1}{K_o\ (S-s) + K_1 s} \text{ peut s'écrire : } \frac{1}{K_o\ S\ [1 - \frac{s}{S}\ (1 - \frac{K_1}{K^o})]} .$$

Calculons l'influence sur la résistance de l'élément central de la craie ($K_1/K_o = 3{,}2.10^{-5}/1{,}25.10^{-3} = 2{,}5.10^{-2}$), en admettant un rapport s/S de 0,5, ce qui correspond à une teneur volumique de 35 % (cf. p. 80). L'expression précédente devient $l/K_oS [1 - 0{,}5 (1 - K_1/K_o)] \simeq 1/0{,}5 K_oS (1 + K_1/K_o) \simeq 1 (1 - K_1/K_o) / 0{,}5 S$. Par rapport au caillou de même forme non poreux, la résistance est réduite seulement de 2,5 % pour la craie. Une approximation convenable de la résistance est $l/0{,}5 K_oS$ qui n'est autre que l'expression de la résistance d'un caillou non poreux. On peut assimiler les cailloux poreux aux cailloux non poreux lorsque K_1/K_o est inférieur à 10^{-2}.

Avec le calcaire à milioles ($K_1 = 5{,}3.10^{-6}$ cm/s) s'humectant partiellement au détriment du sable et moins perméable que lui, le rapport K_1/K_o est également négligeable et il l'est en réalité beaucoup plus, la perméabilité effective étant inférieure à K_1. Si le rapport est négligeable avec K_1, il l'est *a fortiori* lorsque l'élément grossier s'humecte mal.

Ce qui précède concerne un élément poreux moins perméable que la terre fine relativement perméable dans laquelle il est placé, en l'espèce un sable. Pour donner des indications sur ce qui se passe dans d'autres situations, nous allons comparer les perméabilités des cailloux disponibles dans la bibliographie à celles d'autres terres fines. Presque toutes les données sur la perméabilité des cailloux proviennent de mesures effectuées sur les roches. La porosité et la perméabilité de celles-ci ne sont pas reliées strictement à leur origine géologique, comme l'indique DAVIS (1969), c'est pourquoi cet auteur fait par exemple une classe de roches dures, en l'état et modifiées par l'existence de fractures ou par l'altération sous l'influence du climat. Nous nous inspirerons des données que DAVIS a rassemblées pour classer les roches par conductivité hydraulique croissante, en ne considérant pas celles dont la perméabilité provient de fissures, car ces dernières n'existent vraisemblablement pas dans les fragments issus de ces roches ; de plus la porosité due à ces fissures ne représente que 2 à 5 % du volume apparent. Dans le tableau 15, les roches ont été classées en deux catégories selon que leur perméabilité est inférieure ou supérieure à 10^{-6} cm/s. On y constate que pour certaines roches comme les grés des échantillons peuvent être quasi-imperméables ou peu perméables. Cependant beaucoup de roches sédimentaires sont parmi les plus perméables.

Ce qui précède concerne les roches non altérées, mais l'altération par les facteurs climatiques joue un grand rôle surtout pour les cailloux, puisque la roche altérée est le terme de passage entre la roche et le corps poreux qu'est le sol. STEWART (1964) indique que la porosité peut passer d'une valeur initiale de moins de 5 % à une valeur finale de 30 à 60 %. Cet auteur a mesuré pour des micaschistes altérés des perméabilités de $3{,}3.10^{-5}$ et $9{,}7.10^{-2}$ cm/s, ce qui est relativement élevé. Quoiqu'on dispose de très peu de mesures sur les cailloux altérés, il est vraisemblable que leur perméabilité soit parmi les plus élevées, tout en restant relativement faible.

D'après CAPPER et CASSIE (1953) les gammes de perméabilité de la terre fine sont pour les sols sableux : 10^{-3} à 1 cm/s ; les sols limoneux : 10^{-6} à 10^{-3} cm/s ; les argiles à structure fragmentaire : 10^{-6} à 10^{-3} cm/s.

Tableau 15 – Perméabilités de roche (cm/s) d'après les données de DAVIS (1969), GRAS (1971) (*) et SCHEIDEGGER (1974)(**).

Roches quasi imperméables (perméabilité inférieure à 10^{-6} cm/sec)

grès fin	$1,5.10^{-11}$ à $1,6.10^{-7}$
silex	$1,9.10^{-11}$
schiste argileux	$9,10^{-11}$ à 4.10^{-9}
quartzite	$1,9.10^{-9}$
grauwacke	$1,9.10^{-9}$
micaschiste	$2,1.10^{-9}$
tuf	$4,10^{-8}$ à $3,3.10^{-7}$
basalte	$1,4.10^{-8}$
arkose	$5,5.10^{-7}$
grès	$4,9.10^{-7}$ (**)

Roches peu perméables

dolomite	10^{-6} à $2,9.10^{-4}$
calcaire	$7,7.10^{-6}$ à $3,4.10^{-4}$
calcaire à milioles	$5,3.10^{-6}$ (*)
tuf	$1,4.10^{-6}$ à $1,5.10^{-5}$
craie	$1,5.10^{-5}$ à 5.10^{-5} (*)
micaschiste *altéré*	$3,5.10^{-5}$ à $9,7.10^{-2}$
grès	$7,6.10^{-5}$ à $3,6.10^{-4}$
	$4,1.10^{-6}$ à $1,7.10^{-4}$
	$3,4.10^{-4}$
	$1,5.10^{-3}$
	$2,9.10^{-3}$ (**)

On n'a pas considéré les argiles à structure continue de perméabilité inférieure à 10^{-6} cm/s et donc quasi-imperméables.

Nous allons examiner les combinaisons théoriques entre perméabilités de la terre fine et des éléments grossiers, certaines de ces combinaisons ayant peu de chance d'exister.

Pour les sols sableux, la valeur maxima du rapport K_1/K_0 est largement inférieure à 10^{-2} avec les cailloux quasi imperméables (tabl. 15) ; on peut donc les considérer comme imperméables. Avec les cailloux peu perméables, le rapport K_1/K_0 dépasse 1 dans deux cas ; il est inférieur à 10^{-2} dans les autres, ce qui permet d'admettre qu'ils se comportent comme s'ils n'étaient pas poreux.

Dans le cas des limons et des argiles, la valeur de K_1/K_0 est inférieure au seuil pour les cailloux quasi imperméables, sauf un et ceux-ci peuvent être considérés comme imperméables. Les cailloux peu perméables pourraient augmenter la perméabilité de l'ensemble terre fine cailloux, puisque le rapport K_1/K_0 dépasse souvent 10^{-2} cm/s. Ceci est exact sous la réserve importante que les pores de ces cailloux s'emplissent d'eau au contact de la terre humide. Remarquons aussi que les perméabilités supérieures à 10^{-3} cm/s sont peu fréquentes et qu'elles sont le fait de roches altérées. Dans ces conditions, il est peu probable que dans un sol en place, les éléments grossiers provenant de la roche mère altérée soient plus perméables que le sol issu de cette roche.

D'une façon générale, il semble que les situations dans lesquelles les cailloux poreux ont le même effet sur la perméabilité que ceux qui ne le sont pas soient assez fréquentes.

Ce qui précède précise les conditions de validité des formules théoriques traduisant l'effet des cailloux poreux et donc perméables sur la perméabilité du sol en place : elles supposent implicitement que ceux-ci se saturent d'eau à la suite de l'humectation d'un sol sec par exemple, ce qui est exact pour les matériaux à pores fins seulement. En principe, leur perméabilité est inférieure à celle de la terre fine et, lorsqu'elle est 100 fois plus petite pour préciser les idées, l'approximation qui consiste à considérer les cailloux comme non perméables rend bien compte de la réalité. Il en est de même mais pour des raisons tout à fait différentes lorsque l'élément plus perméable que la terre ne peut se remplir d'eau. Le transfert d'eau de la terre vers l'élément est donc un facteur essentiel à prendre en compte pour définir les conditions de validité des formules théoriques. Ce transfert d'eau dépend en grande partie des succions relatives que la terre fine et les cailloux exercent sur l'eau, comme nous le verrons plus en détail par la suite.

Reconstitution en laboratoire de sols caillouteux

Ces travaux consistent à faire des mesures de perméabilité en conditions saturantes sur des reconstitutions de sols caillouteux, ce qui permet de mieux maîtriser les conditons expérimentales.

Travaux de RAVINA et MAGIER (1984)

Ces auteurs réalisent en laboratoire des mélanges de deux sols argileux et de cailloux calcaires. Le sol Yron a une teneur en argile de 61,6 % et contient 2,3 % de matière organique, tandis que le sol Goren est un peu plus argileux (66,2 %) et a une teneur en matière organique analogue, 2 %. Les cailloux sont un peu poreux (masse volumique apparente de 2,51 kg · dm^{-3}) et ont une rétention d'eau à saturation de 4 % en volume ; leur dimension varie entre 2 et 5 cm. Les quatre teneurs en cailloux des mélanges varient de 0 à 38 % en volume.

La terre fine constituée d'agrégats de 1,68 à 9,52 mm a été modérément tassée dans un tube de diamètre intérieur 13,6 cm et de hauteur 20 cm, de façon à obtenir une masse volumique de la terre fine de 0,98 kg · dm^{-3}.

Les perméabilités saturées ont été mesurées, elles diminuent lorsque la teneur en cailloux augmente (fig. 40). La liaison linéaire négative perméabilité – teneur en éléments grossiers est significative pour les deux sols, le coefficient de corrélation ayant les valeurs de 0,998 et 0,984 pour les sols Yron et Goren respectivement.

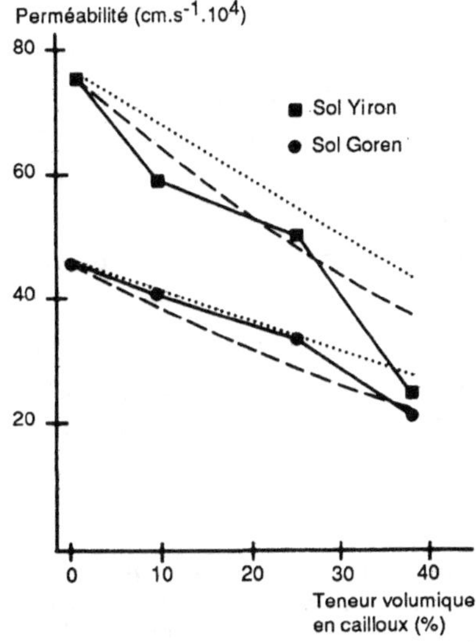

Figure 40 – Perméabilité saturée et teneur volumique en cailloux non poreux. Points expérimentaux (trait plein) et courbes construites avec en ordonnée K^o $(1 - Cv)$ (trait pointillé) et $2 (1 - Cv)/(2 + Cv)$ (trait tireté). D'après RAVINA et MAGIER (1984), modifié.

Cette liaison correspond à l'ajustement d'une formule de la forme $K^* = A\ C_v + B$, A et B étant des constantes. Sur cette figure des résultats, sont représentées la droite d'équation $K^* = K_o - K_o\ C_v$ et la courbe de PECK et WATSON pour cailloux non poreux. Pour le sol Yron, la courbe est plus proche des points expérimentaux que la droite. C'est moins évident pour le sol Goren pour lequel la droite donne souvent un meilleur résultat. On constate que, du fait de la dispersion des mesures, le choix entre deux relations n'est pas toujours aisé.

Signalons enfin que si le sol humide est compacté dans le perméamètre, on assiste à une inversion complète des effets des cailloux, ce qui a été examiné en détail dans le chapitre 4.

Travaux de DUNN et MEHUYS (1984)

Ces auteurs ont mélangé en proportions différentes des éléments grossiers naturels et artificiels et 2 terres; l'une était un sable : 1,4 % d'argile, 4,1 % de limon et 94,5 % de sable, l'autre un limon sableux : 5,1 % d'argile, 24,9 % de limon et 70,0 % de sable. Les éléments grossiers non poreux étaient des sphères en verre de diamètre 4, 8, 16 et 25 mm ou des cailloux anguleux broyés dont les dimensions étaient 2 à 5 mm - 5 à 9 mm - 9 à 19 mm et 19 à 32 mm.

Ces éléments ont été mélangés aux terres précédentes en quantité correspondant à des teneurs volumiques de 2,5 - 5 - 10 et 20 % du volume total, de façon que la masse volumique de la terre fine soit sensiblement constante et égale à 1,25 - 1,30 kg · dm⁻³. Les expérimentateurs se sont ainsi prémunis contre des différences de tassement de la terre fine. Les perméamètres à charge constante étaient des cylindres de 10 cm de diamètre hauts de 10 cm.

Chaque combinaison sol-inclusion a été répétée quatre fois, ce qui a permis une analyse de variance des effets de la proportion des éléments grossiers (5 variantes), de leur dimension (4 variantes), pour toutes les combinaisons nature des inclusions (sphère, cailloux) nature de la terre fine (sable, limon sableux). Les seuils de signification sont donnés dans le tableau 16. En aucun cas on ne décèle une interaction significative au seuil 5 % entre la dimension des éléments et leur proportion dans le sol reconstitué, c'est-à-dire que les effets de ces deux paramètres sont additifs. Sauf pour la combinaison limon sableux - cailloux, la proportion des inclusions a une influence significative au seuil 1 % au moins. La dimension des éléments grossiers n'a un effet significatif que pour la combinaison sable - sphère, le seuil étant cependant inférieur à 10 % pour la combinaison sable -cailloux. La figure 41 donne l'ensemble des résultats.

Tableau 16 – Seuils de signification de l'analyse de variance de l'influence de la proportion d'éléments grossiers et de leur dimension sur la perméabilité du sol, deux natures de terre et deux natures d'éléments grossiers. D'après DUNN et MEHUYS (1984).

	Sable		Limon sableux	
	sphères de verre	cailloux	sphères de verre	cailloux
teneur volumique en éléments grossiers	* * *	* * *	* *	n s
dimension des éléments grossiers	* * *	o	n s	n s

Seuils de signification (%) : 10 (°); 5 (*); 1 (**); 0,1 (***); n s : non significatif.

En admettant que les dimensions des cailloux 2 à 5 mm et des sphères de 4 mm soient comparables, les auteurs ont traité ensemble les résultats correspondants, ce qui leur a permis de faire apparaître dans le sable une différence d'effet sur la perméabilité de ces deux matériaux au seuil 5 % ; vraisemblablement, à cause de la rugosité de leur surface qui perturberait l'écoulement de l'eau à leur voisinage, les cailloux réduisent plus la perméabilité que les sphères.

La dispersion des perméabilités mesurées est différente selon qu'il s'agit du sable ou du limon sableux ; elle tiendrait au fait que ce dernier est plus hétérogène. Il semble que l'influence de la dimension des éléments grossiers soit plus facile à mettre en évidence lorsque ceux-ci ont une forme régulière (sphère) que lorsqu'ils sont anguleux (cailloux broyés), ce qui dénote une influence de la forme. Pour les mélanges à base de sable, la perméabilité diminue assez régulièrement, lorsque la quantité d'éléments grossiers augmente et cette diminution est d'autant plus marquée qu'ils sont de plus grandes dimensions. Pour le sable limoneux, les effets précédents sont beaucoup moins nets.

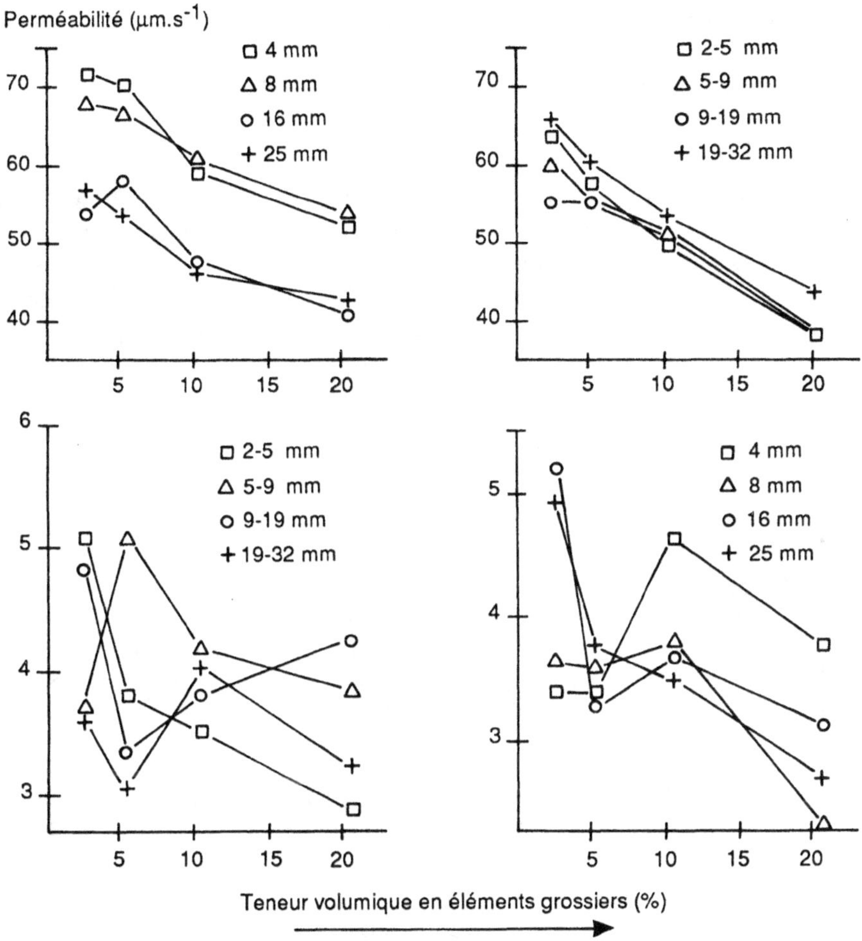

Figure 41 – Influence de la teneur en éléments grossiers non poreux et de leur taille sur la perméabilité. En haut : sable, en bas : limon sableux. A gauche : sphères de verre, à droite : roche broyée. D'après DUNN et MEHUYS (1984).

Les résultats précédents illustrent, s'il en était besoin, les difficultés rencontrées pour établir par voie expérimentale l'incidence de caractéristiques telles que la forme et la dimension des éléments grossiers. Cette influence peut être masquée par l'hétérogénéité de la terre fine, les difficultés de remplissage du perméamètre, l'obtention d'une répartition uniforme des éléments grossiers. Il faut rappeler à ce sujet que pour une teneur volumique donnée en cailloux, leur nombre augmente lorsque leur taille diminue.

Les auteurs regroupent les résultats des essais précédents en considérant le taux d'éléments grossiers comme une variable unique. A cet effet, ils calculent pour une proportion donnée d'éléments la moyenne géométrique (*) des résultats obte-

(*) racine $n^{ème}$ du produit de n valeurs.

nus, toutes dimensions d'éléments grossiers confondues. Sur la figure perméabilité moyenne – teneur volumique (fig. 42) les auteurs ont placé les points expérimentaux et la courbe représentant l'équation de PECK et WATSON (1979), $K* = \dfrac{K_o\,2\,(1 - C_V)}{2 + C_V}$. L'adéquation entre les résultats expérimentaux et la courbe théorique diminue dans l'ordre : sable - sphères, sable - cailloux, limon sableux - sphère, limon sableux - cailloux. L'adjonction de la droite représentant la formule $K* = K_o\,(1 - C_v)$ permet de comparer ces deux expressions de $K*$. L'expression linéaire donne généralement une moins bonne prévision sauf pour les résultats cailloux broyés dans le limon sableux. Il est difficile comme précédemment d'aboutir expérimentalement à des conclusions de portée générale quant à l'adéquation de ces relations.

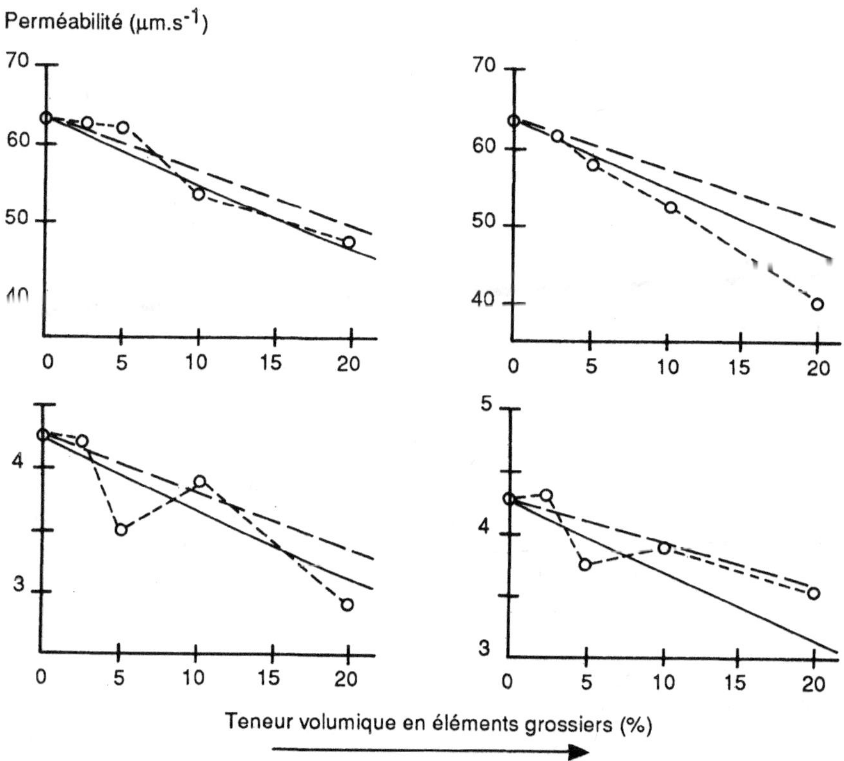

Figure 42 – Conductivité moyenne (dimensions des éléments grossiers confondues) et teneur volumique (cercles et tireté). En trait plein, $K* = K_o\,(1 - C_v)/(2 + C_v)$, en tireté $K* = K_o\,(1 - C_v)$. En haut, sable, en bas limon sableux. A gauche : sphères en verre, à droite roche broyée. D'après DUNN et MEHUYS (1984), modifié.

Ecoulement de l'eau en conditions non saturantes

Dans ce cas, la perméabilité n'est pas constante mais varie avec le taux de saturation de la porosité et donc avec le potentiel de l'eau ou l'humidité de la terre. Nous avons vu précédemment que lors de l'étude de l'humectation de la terre sèche, celle-ci n'était pas saturée d'eau, avec cependant un taux de saturation de la porosité assez élévé. Il est vraisemblable que les résultats obtenus dans ces conditions ne peuvent s'extrapoler aux situations où l'humidité du sol est beaucoup plus basse. Il faut distinguer ici également deux cas, suivant que les cailloux sont ou non poreux.

Cailloux non poreux

Ils peuvent avoir *a priori* plusieurs effets dont l'un découle de l'expression de l'humidité, rapportée à la terre fine ou à l'ensemble terre fine - cailloux. Par exemple, en l'absence de toute autre action, les courbes représentant la variation de la perméabilité en fonction de l'humidité volumique sont modifiées par la simple présence de cailloux dans la terre ; il suffit alors que leur taux varie pour que l'allure des courbes perméabilité - humidité volumique change.

Etude de MEHUYS et al. (1975)

MEHUYS *et al.* (1975) ont essayé de voir si la perméabilité d'un sol caillouteux pouvait se déduire de la perméabilité de sa seule fraction fine. A cet effet, ils ont utilisé trois terres fines de sol : un sable limoneux (teneur en argile 4,2 %, masse volumique apparente de la terre fine 1,50 kg · dm^{-3}) et deux limons sableux (teneurs en argile 12,3 et 13,2 % et masse volumique de la terre fine 1,66 et 1,68 kg · dm^{-3} respectivement).

Les perméabilités ont été mesurées par la méthode du débit transitoire (WEEKS et RICHARDS, 1967) sur des tubes de 10 cm de diamètre, hauts de 30 cm. Pour chaque sol, un tube était rempli de sol complet (entre 23,5 et 33,8 % de cailloux en masse) et l'autre du même sol sans cailoux, ce qui a permis d'établir les courbes perméabilité - humidité volumique pour le sol complet et la terre fine seule. Les données de ce dernier essai ont été traitées de façon classique puis en divisant le volume de sol par $1 - C_v$, C_v étant la teneur volumique en cailloux. De ce fait, l'humidité volumique (de la terre fine) θ_{tf} est transformée en humidité volumique du sol θ_s par $\theta_s = \theta_{tf}(1 - C_v)$; en conservant la hauteur des tubes constante, la division du volume par $1 - C_v$ augmente la surface de section du tube « terre fine » de la surface occupée par les cailoux (cf. p. 108). La courbe perméabilité humidité volumique d'un sol caillouteux se construit alors en corrigeant du volume de cailloux l'expression de l'humidité obtenue pour la terre fine seule.

Dans tous les cas, les courbes perméabilité – humidité volumique étaient distinctes selon que la fraction grossière était ou non présente. Dans deux sols sur trois, la courbe correspondant à la terre fine seule se superposait à la courbe sol complet après une correction pour les cailloux (humidité volumique de la terre fine recalculée en tenant compte de leur présence) (fig. 43). Pour le troisième sol, un limon sableux, la correction était trop forte. Les auteurs font l'hypothèse que pour cette catégorie de sol, la fraction grossière retiendrait un peu d'eau.

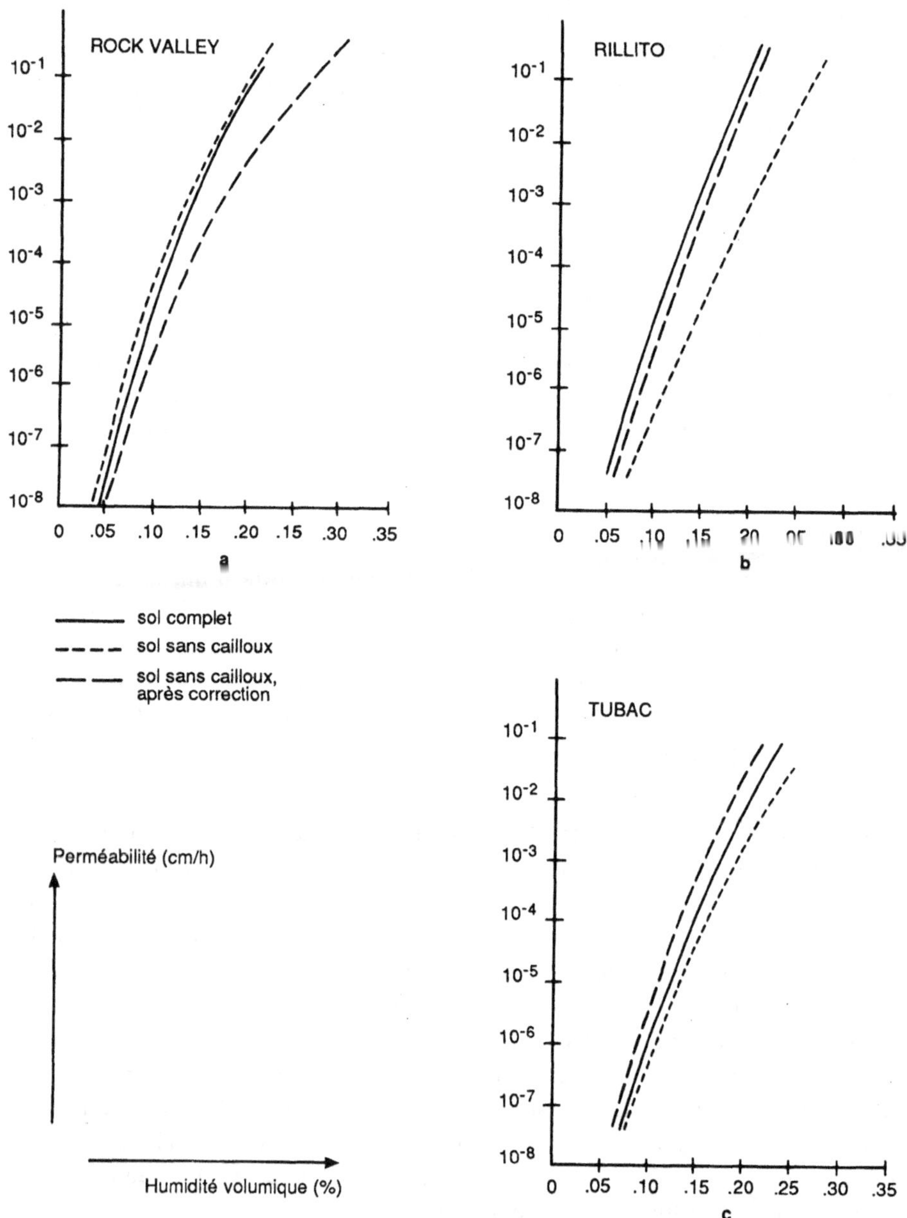

Figure 43 – Conductivité hydraulique en fonction de l'humidité volumique du sol et de sa fraction fine. a) sable limoneux, b) limon sableux, c) limon sableux (MEHUYS *et al.*, 1975).

Les courbes perméabilité-potentiel matriciel sont très semblables, que le sol soit complet ou dépourvu de sa fraction grossière, ce qui s'expliquerait par le fait que les capteurs des appareils mesurant le potentiel matriciel (tensiomètres ou psychromètres) sont placés dans la terre fine. Cependant, pour le limon sableux dont la correction cailloux était trop forte, les courbes divergent pour les potentiels matriciels supérieurs à – 1 bar, la perméabilité étant inférieure en présence d'éléments grossiers (fig. 44).

Dans cet essai, les cailloux ne modifient la courbe perméabilité humidité volumique de la terre fine souvent que par le volume qu'ils occupent, ce qui est pris en compte en divisant le volume de terre fine par $1 - C_v$.

Etude de RUSSO (1983)

Cet auteur a établi *in situ* les courbes perméabilité - humidité des trois horizons d'un profil dont la texture de la terre fine est à peu près la même, sauf en surface. La teneur en argile y est de 12,2 %, alors qu'elle est de 7,4 et 6,2 % pour les deux autres horizons. Les teneurs volumiques en cailloux sont de 37,5 % pour la couche de 0-25 cm, 38,9 % pour la couche 25-50 cm et 47,7 % pour la couche 50-75 cm. Les courbes de perméabilité sont distinctes (fig. 45a).

En adoptant une attitude inverse de celle de MEHUIS *et al.* (1975), les humidités volumiques θ_s par rapport au sol sont transformées en humidités volumiques θ_{tf} par rapport à la terre fine au moyen de la relation $\theta_{tf} = \theta_s / (1 - C_v)$, ce qui devrait permettre de retrouver la perméabilité de la terre fine.

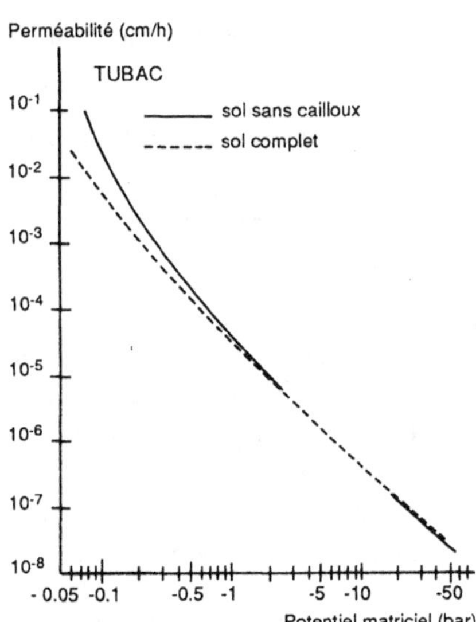

Figure 44 – Conductivité hydraulique et potentiel matriciel de la terre fine en présence et en l'absence de cailloux pour un limon sableux (MEHUYS *et al.*, 1975).

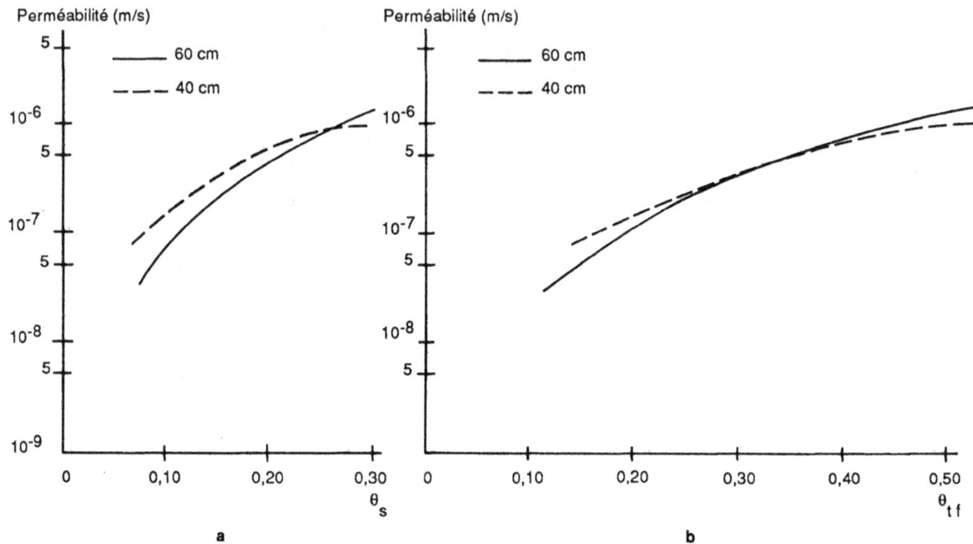

Figure 45 – Conductivité hydraulique en fonction de l'humidité volumique θ_s de l'ensemble terre fine + cailloux (a) et de l'humidité volumique θ_{tf} de la terre fine (b). D'après graphiques et données de RUSSO (1983).

A part la couche de surface qui a des propriétés différentes de celles de deux autres, la transformation réduit sensiblement les écarts entre courbes :

	humidité	écart (m. s^{-1})
courbes initiales, pour θ_s :	0,10	7.10^{-8}
	0,20	$0,7.10^{-7}$
	0,30	$2,2.10^{-7}$
courbes transformées, pour θ_{tf} :	0,15	3.10^{-8}
	0,325	$0,6.10^{-7}$
	0,50	$3,8.10^{-7}$

Cependant, la transformation n'amène pas les deux courbes en coïncidence, peut-être pour plusieurs raisons : cailloux un peu poreux (masse volumique de 2,56 à 2,58 kg · dm^{-3} seulement), occupation par l'eau d'une plus grande partie de la porosité à l'aplomb des cailloux, mécanismes non identifiés. On constate aussi qu'en deça d'une valeur de θ_{tf} de l'ordre de 0,40, plus le sol est caillouteux, plus la perméabilité est élevée ; c'est l'inverse au delà, le classement constaté pour les perméabilités saturées étant alors retrouvé.

En définitive, dans certaines situations, les cailloux n'interviennent sur la perméabilité non saturée que par le volume qu'ils occupent dans le sol, ce qui permet de passer facilement des courbes obtenues pour la terre fine aux courbes relatives au sol. Cependant, des effets autres que le précédent ne sont pas exclus.

Cailloux poreux

Si les cailloux sont poreux de façon appréciable, on ne dispose pas d'étude de leur influence sur la perméabilité. Ceci tient en grande partie aux difficultés expérimentales que nous allons situer par rapport à celles qui concernent les sols à cailloux non poreux.

Lorsque les éléments grossiers sont poreux, l'eau s'écoule en principe dans les deux phases que sont les cailloux et la terre fine. On peut accéder relativement facilement à l'humidité et au potentiel hydrique de la terre fine, mais il n'en est pas de même pour les cailloux inclus dans la terre fine et plus particulièrement si les mesures se font en régime transitoire. Ce sont des difficultés qui rendent très difficiles les études de la dynamique de l'eau non saturante dans un sol en présence d'éléments grossiers poreux et qui expliquent le manque de résultats dans ce domaine.

Si l'élément grossier poreux n'absorbe pas d'eau, à cause de la largeur de ses pores, on est ramené au cas de cailloux non poreux avec écoulement dans la seule terre fine.

Conclusion

Les modalités d'action des cailloux sur l'écoulement de l'eau sont tout à fait différentes selon qu'ils possèdent ou non une porosité, ce qui nous conduit à distinguer ces deux cas.

Cailloux non poreux

Lors de l'humectation d'un sol sec, quel que soit le mode d'alimentation en eau, la vitesse du front humide dans la terre augmente lorsqu'il passe au niveau de l'élément grossier. Une fois l'élément dépassé, le front humide ralentit lorsque l'humidité de la terre n'est pas trop éloignée de la saturation (alimentation verticale avec plan d'eau, alimentation horizontale), ce qui s'interprète facilement par l'augmentation de la résistance hydraulique dans la section de tube contenant les cailloux. Lorsqu'on est beaucoup plus éloigné des conditions de saturation que précédemment, le front humide retrouve à peu près sa vitesse initiale après avoir dépassé l'élément, vraisemblablement à cause d'un effet de compensation de la réduction de section par une augmentation de l'humidité dans les pores du sol au niveau de l'élément grossier. Ceci se produit lorsque l'eau est apportée en surface sans qu'un plan d'eau s'établisse.

Une fois la terre saturée et le régime permanent d'écoulement établi, la présence d'éléments grossiers réduit la section utile à l'écoulement, ce qui diminue la perméabilité de l'ensemble terre-cailloux mais il n'est pas toujours possible de retrouver les valeurs expérimentales par des calculs théoriques qui donnent de bons résultats dans d'autres situations, vraisemblablement à cause de difficultés dans la préparation du matériel expérimental, notamment tassement de la terre fine au voisinage de l'élément grossier. Mais des effets accessoires, comme la diminution du tassement par les cailloux et la circulation préférentielle d'eau, ne sont pas à exclure et ils sont signalés *in situ* par plusieurs auteurs.

Lorsque l'écoulement est non saturant, la perméabilité s'exprime d'une façon générale en fonction de l'humidité volumique ou du potentiel matriciel de l'eau. Par rapport à la terre fine seule, les cailloux interviennent sur les courbes de perméabilité, en diminuant la section utile pour l'écoulement et en changeant l'expression de l'humidité. Ces deux effets expliquent souvent la modification par les cailloux des courbes humidité potentiel matriciel. Il en est de même lorsque la variable indépendante est l'humidité volumique. Dans certains cas, cependant les cailloux peuvent avoir d'autres effets.

Cailloux poreux

D'une façon générale, il apparaît qu'il ne suffit pas qu'un cailloux soit poreux pour qu'il transmette de l'eau, à moins de prendre des précautions expérimentales particulières, ce qui correspond *in situ* à des conditions également particulières (existence d'une importante charge hydraulique comme on le verra). Ceci nous conduit à considérer deux catégories de situations extrêmes, selon que les cailloux sont susceptibles ou non d'absorber de l'eau du sol. Pour simplifier la présentation, nous parlerons dans le premier cas d'éléments *actifs* et dans le second d'éléments *inertes*.

Dans la phase d'humectation, la présence d'éléments grossiers actifs dans le sol a deux effets opposés si on considère la répartition de l'eau : diminution du volume de terre à humecter entraînant une accélération du front humide, diminution de la quantité d'eau disponible pour humecter la terre, d'où ralentissement. L'effet global résulte de l'importance relative de ces deux effets qui dépend des débits d'eau instantanés absorbés par la terre fine et par l'élément et de la teneur volumique du sol en cailloux. Les éléments inertes provoquent toujours une accélération du front humide et se comportent de fait comme s'ils n'étaient pas poreux.

Lors de l'écoulement en conditions saturantes, si la terre fine et l'élément grossier sont également saturés, une inclusion moins perméable que la terre réduit la perméabilité de l'ensemble terre fine - cailloux et c'est l'inverse pour un élément plus perméable. Cependant, lorsque la perméabilité de l'inclusion, une fois humectée, est beaucoup plus faible que celle du sol, elle transmet très peu d'eau et a le même effet que si elle n'était pas poreuse. Les éléments inertes diminuent la perméabilité de l'ensemble du sol. Compte-tenu de la complexité du problème, il n'a pas été possible de tester la validité de formules théoriques ; de toute façon leurs conditions de validité impliquent le régime permanent et il est difficile de vérifier si cette condition est satisfaite une fois établies les possibilités de passage d'eau de la terre fine aux cailloux.

Lorsque l'eau s'écoule en conditions non saturantes, on ne dispose pas d'études expérimentales et l'intrication des mécanismes mis en jeu ne permet pas de supputer même les grandes lignes de l'action éventuelle des éléments grossiers. Toutefois, les éléments qui ne s'humectent pas à partir du sol en conditions saturantes, à cause de la largeur de leurs pores ne s'humectent pas *a fortiori* en conditions non saturantes et diminuent aussi la perméabilité du sol.

7.

Transferts d'eau réciproques
entre la terre fine
et les cailloux poreux.
Leur rôle dans la réserve
en eau du sol

Comme on l'a déjà vu, des cailloux peuvent être poreux ; ils sont alors susceptibles d'absorber de l'eau et de la retenir, contribuant ainsi à la réserve en eau du sol. Cette réserve peut être utilisée, soit directement en quelque sorte par les racines au contact du caillou, soit par cession au sol en voie de dessèchement d'eau absorbée ensuite par les racines. Même si l'absorption directe peut être importante dans certaines situations, seul le dernier mécanisme retiendra notre attention.

La contribution des éléments grossiers poreux à la réserve en eau du sol présente des aspects différents et complémentaires. D'abord, chaque élément poreux doit pouvoir s'humecter à partir de l'eau de la terre fine dans laquelle il est inclus. Une fois la terre fine à la capacité au champ et l'équilibre hydrique atteint, le caillou contient une certaine quantité d'eau. Cette eau constituera effectivement une réserve, seulement si elle est susceptible de passer dans la terre fine qui se dessèche. Ainsi, une phase statique correspondant à l'aspect réserve est intercalée entre deux phases dynamiques, l'une concernant la constitution de ces réserves et l'autre leur utilisation.

Il en résulte que ce chapitre présente une hétérogénéïté apparente nécessitée par l'analyse complète de tous les phénomènes mis en jeu.

Après avoir présenté les quelques constatations faites *in situ* sur la rétention en eau par les cailloux, les transferts d'eau dans les deux sens entre eux et la terre seront examinés. Ceci nous permettra de préciser les conditions de ces transferts d'eau réciproques. Enfin, la contribution des éléments grossiers poreux à la réserve en eau du sol sera calculée.

Par ailleurs, l'effet des cailloux qu'ils soient poreux ou non, sur l'humidité de la terre fine sera traité dans la partie relative aux constatations faites *in situ*.

Constatations sur la teneur en eau des cailloux

Un échantillon de terre humide prélevé *in situ* est tamisé pour séparer la terre fine des cailloux qui sont ensuite brossés pour en retirer la terre fine adhérente. COILE (1953), REINHART (1961), RAVINA et MAGIER (1984), HANSON et BLEVINS (1979) ont mesuré ainsi des humidités appréciables (tabl. 17). Tous ces résultats montrent bien que les éléments grossiers peuvent s'humecter à partir de l'eau du sol.

Tableau 17 – Humidités massiques (% de masse sèche) de cailloux extraits de sols *in situ* humides.

Mélange de roches [1] : 10,5 - 11,2 - 11,3 - 12,5 - 13,8 - 15,5 - 16,2 - 17,0

Grès micacé [2]	2-5 mm :	9,5
	5-20 mm :	7,6
	20-35 mm :	5,9
Schiste argileux [2]	2-5 mm :	26,7
	5-20 mm :	18,4
	20-35 mm :	17,3
Origine inconnue [3]		8,6 - 30,4
Roche calcaire [4]		4,0

1 : COILE (1953); 2 : HANSON et BLEVINS (1979); 3 : REINHART (1961); 4 : RAVINA et MAGIER (1984).

Certains de ces auteurs signalent aussi que l'humidité des cailloux poreux diminue lorsque leur taille augmente.

On dispose de beaucoup plus de données sur l'eau retenue par des cailloux poreux humectés au laboratoire avec précaution par submersion (tabl. 18). L'humidité est ici généralement exprimée sous forme massique, parce que c'est sous cette forme que le plus de résultats sont disponibles, compte-tenu de la facilité de la détermination par pesée. Le fait que les cailloux puissent retenir de l'eau n'implique pas obligatoirement qu'ils contribuent à la réserve en eau du sol, puisqu'on ne sait pas si l'eau qu'ils contiennent peut passer dans la terre fine qui se dessèche.

Tableau 18 – Humidités massiques (% de masse sèche) après submersion[1].

A. Cailloux calibrés

	2 à 5 mm	5 à 12,7 mm	12,7 à 19,0 mm	5 à 20 mm	20 à 35 mm
roche ignée basique [a]	22,0	17,9	10,3		
roche ignée acide [a]	25,5	7,5	5,7		
mélanges de roches [a]	23,5	13,3	5,7		
schistes 1 [a]	10,5	9,5	7,6		
schistes 2 [a]	23,5	13,3	7,2		
schistes 3 [a]	27,0	14,1	11,9		
grès micacé [a]	14,9			7,7	6,1
schistes argileux [b]	49,6			32,6	19,7

B. Cailloux de 5 à 20 mm

grès	9,0 [c]	granite sain	0,4 [d]
	20,6 [c]	granite altéré	5,3 [d]
	43,7 [c]		
calcaire	7,9 [c]	roches volcaniques	
	2,6 [c]	altérées	27,7 [a]
		lave	4,5 [e] - 10,1 [e (2)]
calcaire à milioles	8,6 - 13,9 [e (2)]	pierre ponce	51,5 [c] - 30,8 [e (2)]
	8,8 - 14,2 [e (2)]		
		pouzzolane	32,8 [c] - 36,7 [e (2)]
craie	25,9 [c] - 41,3 [e (2)]		
	27,9 [c] - 44,4 [e (2)]		

(1) résultats non strictement comparables, les modalités d'humectation (précautions, durée de submersion) étant différentes d'un auteur à l'autre.
(2) humidité volumique (% du volume total).

a : COILE (1953) - b : HANSON et BLEVINS (1979) - c : GRAS (1962)
d : GRAS et MONNIER (1963) - e : GRAS (1971).

Au sujet de l'expression des résultats d'humidité, il est de beaucoup préférable de rapporter cette humidité au volume total du matériau, ce qui nécessite la connaissance de la masse volumique apparente du matériau M_c. En effet, humidité volumique = humidité massique. M_c. Ceci se démontre en exprimant la masse de matériau en fonction de son volume apparent.

$$\frac{\text{masse d'eau}}{\text{masse de matériau}} = \frac{\text{volume d'eau}}{\text{volume apparent} \cdot M_c}$$

et en remarquant que masse d'eau/masse de matériau = humidité massique et volume d'eau/volume apparent = humidité volumique.

L'expression volumique présente l'avantage de donner une idée plus concrète de la quantité d'eau retenue dans des cailloux, en faisant référence à leur volume apparent.

Sur la contribution des cailloux à l'alimentation en eau des cultures, on ne dispose que de constatations globales. Des sols peu épais de Champagne reposant sur de la craie et contenant des fragments de cette roche ont porté de bonnes récoltes de betteraves, même en 1959, année particulièrement sèche. Dans la vallée du Rhône où le déficit climatique moyen (évapotranspiration - pluviomètrie) atteint 240 mm, des pêchers non irrigués étaient au moins aussi vigoureux sur les sols avec cailloux que sur ceux qui en étaient dépourvus.

Les éléments grossiers, même non poreux, peuvent avoir indirectement une incidence sur l'humidité de la terre fine par l'intermédiaire d'effets sur la structure (cf. chap. 4) qui améliorent l'infiltration de l'eau (cf. p. 101). EPSTEIN *et al.* (1966) ont mis en place un essai à trois répétitions pour juger des conséquences de l'épierrage sur l'humidité d'un sol à 8 % de pente. Cette intervention réduit l'humidité du sol de façon significative (tabl. 19). SAINI et Mc LEAN (1967) ont constaté une augmentation d'humidité avec la teneur en cailloux (fig. 46).

Tableau 19 – Influence de l'épierrage sur l'humidité de la terre fine d'un sol de limon. Humidité exprimée par un indice : surface (cm^2) entre le profil d'humidité du sol et le profil du point de flétrissement. EPSTEIN *et al.* (1966).

Année [1]	État naturel		Cailloux enlevés [2]		Cailloux broyés [3]	
1961	17,10	100	15,73	91,9*	17,10	100
1962	16,64	100	15,66	94,10	16,55	99,4
1963	16,51	100	14,93	90,4*	16,82	101,8
1964	16,50	100	14,50	87,8*	16,59	100,5
moyenne	16,69	100	15,21	91,1*	16,77	100,4

* différence avec le témoin significative au seuil 5 %

(1) Mesures deux fois par semaine du 24 mai au 20 octobre.
(2) Cailloux de plus de 3,81 cm de diamètre enlevés.
(3) Cailloux de plus de 3,81 cm de diamètre ramassés, broyés pour passer à travers un tamis de 3,81 cm puis rapportés sur le sol.

La couverture du sol par les cailloux diminue ses pertes d'eau par évaporation en surface (TURK et PARTRIDGE, 1947 - TUKEY et SCHOFF, 1963). Cet effet persiste, même si la température est un peu plus élevée sous cette couverture (LAMB et CHAPMAN, 1943) (cf. p. 67).

Enfin, l'existence dans un sol d'une couche constituée exclusivement de cailloux non poreux, et donc dépourvue de succion augmente la quantité d'eau retenue à l'équilibre par la terre située au-dessus. Cet effet, analogue à celui constaté en horticulture lors de l'utilisation de matériaux poreux sous une faible épaisseur (GRAS, 1981), s'explique ainsi. La condition générale d'équilibre de l'eau est la nullité du gradient de potentiel total : $d\chi/dx = 0$ ou $\chi = $ Cte. Comme en conditions non saturées, seuls interviennent le potentiel matriciel ψ et le potentiel gravifique

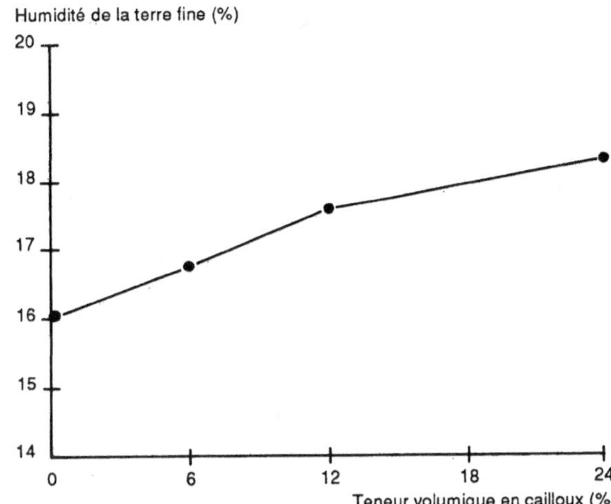

Figure 46 – Effet de la teneur en cailloux sur l'humidité de la terre fine (SAINI et Mc LEAN, 1967).

z (compté positivement vers le haut à partir de la base du massif), la condition devient $\psi + z$ = Cte. La présence au-dessous de la couche de terre d'un horizon dépourvu de succion y modifie l'équilibre hydrique d'après la loi de sortie d'eau de RICHARDS (1950) : Celle-ci ne s'écoule de la base d'un massif poreux que si la succion y est nulle. Donc à cette base prise comme plan de référence $\psi = 0$ et $z = 0$, d'où $\psi + z = 0$, ou $\psi = - z$. Comme le potentiel matriciel augmente en valeur absolue, lorsqu'on s'élève dans le sol au-dessus de la couche de cailloux, l'humidité diminue corrélativement, la base du massif de terre étant théoriquement saturée d'eau. MILLER et BUNGER (1963) ont montré sur des profils synthétiques, qu'à une profondeur de 30 cm, un limon sableux était plus humide lorsqu'une couche de cailloux de 6 à 13 mm de diamètre, épaisse de 30 cm, existait à 122 cm de profondeur.

De tels effets pourraient aussi exister dans la masse de sol au-dessus de chaque caillou non poreux, puisqu'à l'interface cailloux terre fine la succion cesse brusquement. De ce fait, l'humidité de la terre au-dessus des cailloux serait plus élevée que dans la masse du sol, ce qui contribuerait à l'augmentation de l'humidité dans les sols squelettiques signalée par FLINT et CHILDS (1984a).

Transferts d'eau de la terre humide aux cailloux

En conditions naturelles, l'eau passe de la terre humide aux cailloux, puisque certains de ceux-ci sont humides *in situ*. Les modalités de ce transfert d'eau vont être précisées maintenant.

A priori, les caractéristiques des éléments grossiers et de la terre fine interviennent dans ce phénomène. Nous examinerons d'abord si les cailloux présentent à cet égard des comportements particuliers spécifiques de leur nature, en les humectant dans des conditions standards par la mise au contact direct avec l'eau. Par la suite, on examinera comment les cailloux s'humectent par l'intermédiaire de la terre humide. Pour élargir la gamme de variation des matériaux poreux utilisés, on a adjoint aux cailloux des matériaux artificiels.

Humectation directe par l'eau

Les matériaux poreux sont humectés au contact de l'eau libre dont le potentiel est nul par convention. Cependant, comme l'échantillon est submergé, la pression hydrostatique crée un potentiel positif peu élevé de l'ordre de 20 cm d'eau, soit 0,02 bars. L'humidité de l'échantillon est rapportée à sa porosité totale ouverte.

Plusieurs expériences ont été réalisées :
– humectation brutale *à l'air*, qui consiste à submerger brusquement l'échantillon, puis à le laisser immergé pendant 48 heures. Cette façon de faire favorise dans l'échantillon un emprisonnement d'air qui se manifeste par un dégagement de bulles d'air plus ou moins long. Les taux de remplissage de la porosité ouverte sont très différents suivant les échantillons (tabl. 20);

Tableau 20 – Humectations en conditions contrôlées.
Teneur en eau exprimée en p. 100 du volume apparent (nombre de gauche) et en p. 100 de la porosité ouverte (nombre de droite italique).

Matériaux		Humectation à l'air						Humectation sous vide			
		Brutale immersion 48 heures		Avec précaution, immersion 48 heures		Avec précaution, immersion 30 jours		Avec précaution, immersion 48 heures		Avec précaution, immersion 30 jours	
porcelaine		42,7	*87,8*	45,9	*92,4*	46,6	*95,9*	46,6	*95,8*	46,5	*95,6*
craie	a	39,4	*90,3*	41,3	*94,7*	—		41,7	*95,6*	—	
	b	42,4	*97,2*	44,4	*100*	45,9	*100*	43,6	*100*	44,1	*100*
verre fritté n° 4				38,4	*89,9*	39,2	*91,8*	37,3	*87,3*	39,1	*91,5*
verre fritté n° 3				25,4	*88,8*	27,9	*97,5*				
brique	a			32,8	*90,1*	—		34,9	*95,9*		
	b	30,0	*84,9*	33,1	*93*	35,2	*99,7*	35,0	*99,1*	35,1	*99,4*
	c	29,5	*31,9*	32,9	*91,4*	—		34,8	*96,6*		
calcaires à milioles	a	11,0	*26,8*	13,9	*33,9*	—		37,2	*90,9*		
	b	12,2	*29,3*	14,2	*34,1*	20,2	*48,5*	38,5	*92,5*	38,8	*93,3*
brique réfractaire	a	39,6	*71,5*	43,6	*78,0*	—		48,4	*86,6*	—	
	b	39,5	*69,0*	44,5	*77,8*	—		49,8	*87,0*	—	
	c	39,6	*70,2*	34,9	*77,8*	49,1	*87,0*	49,8	*88,3*	49,8	*88,3*
lave andésitique		7,5	*38,2*	10,1	*51,5*	14,3	*72,9*	19,0	*96,9*	20,4	*100*
pierre ponce		23,1	*33,2*	30,8	*44,3*	30,4	*58,1*	63,1	*90,7*	62,3	*89,6*
verre mousse	a	4,4	*5,8*	22,8	*30,2*	23,60	*31,3*	59,6	*79,0*		
	b	8,4	*11,7*	10,6	*14,7*	15,00	*20,9*	37,6	*52,4*	72,6	*96,2*
	c	9,7	*13,3*	—							

– humectation *à l'air* avec précaution, qui consiste à submerger progressivement l'échantillon, de façon qu'il soit recouvert d'eau au bout de 6 heures. Les durées totales de submersion sont de 48 heures et de 30 jours. Les taux de saturation (tabl. 20) sont plus élevés que ceux de l'expérience précédente mais les matériaux poreux se classent de la même façon ;

– humectation *sous vide* avec précaution, avec des durées de submersion de 48 heures et de 30 jours. Les taux de saturation sont supérieurs à ceux des expériences précédentes et il y a généralement peu de différence entre 48 heures et 30 jours (tabl. 20).

D'une façon générale, les corps poreux étudiés se classent de la même façon, suivant leur taux de remplissage, quelle que soit la méthode d'humectation employée. Certains matériaux, tels la craie, la porcelaine, la brique ont des taux de remplissage élevés même en humectation brutale et ceux-ci augmentent relativement peu lorsqu'on prend des précautions. Les autres matériaux se remplissent beaucoup moins bien et les précautions prises augmentent leur taux de saturation. Comme ces précautions reviennent à réduire l'emprisonnement d'air, ce sont les modalités de celui-ci qui sont à l'origine de beaucoup de différences constatées entre corps poreux.

L'emprisonnement d'air comprend deux phases. Dans la première, un certain volume d'air est isolé de l'atmosphère extérieure par des ménisques d'eau ; une partie de cet air est ensuite expulsée, ce qui donne lieu à un dégagement gazeux visible. La phase initiale s'explique par le fait que les menisques d'eau ne parviennent pas en même temps aux connexions entre pores, par exemple parce que les vitesses y sont différentes ou parce que les trajets à parcourir pour parvenir à cette connexion ont des longueurs différentes (fig. 47). On peut donc penser qu'une gamme étendue de variation des rayons équivalents des pores favorise la phase initiale d'emprisonnement.

De plus, cette gamme étendue contrarierait l'explulsion d'air consécutive, ce qui peut être mis en évidence sur le modèle du doublet de pores qui se remplit par capillarité (MOREL - SEYTOUX, 1969). Si le diamètre de chacun des deux canali-

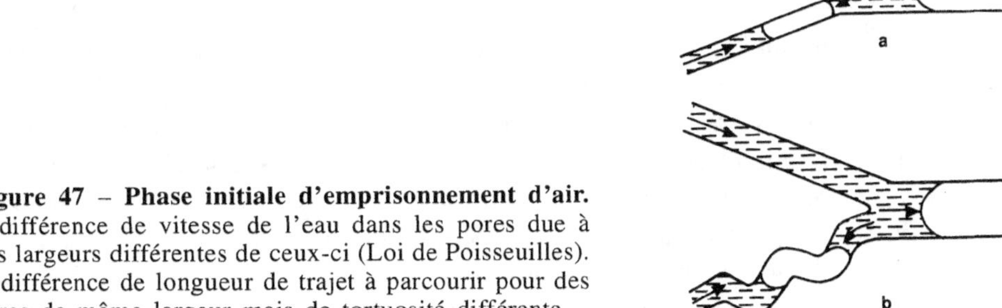

Figure 47 – Phase initiale d'emprisonnement d'air.
a) différence de vitesse de l'eau dans les pores due à des largeurs différentes de ceux-ci (Loi de Poisseuilles).
b) différence de longueur de trajet à parcourir pour des pores de même largeur mais de tortuosité différente.

cules du doublet est constant (fig. 48a), la résultante des pressions capillaires appliquées à la bulle est dirigée dans le sens du courant et la bulle est expulsée. Mais si un rétrécissement existe dans le pore le plus étroit (fig. 48b), la pression capillaire résultante change de sens et empêche que la bulle se déplace dans le sens du courant, elle ne sera donc pas expulsée. Cet équilibre peut persister même si une différence de pression hydrostatique est appliquée entre les deux extrémités du doublet, pourvu que le rétrécissement soit suffisamment étroit. Les variations de section des pores limitent donc l'expulsion d'air.

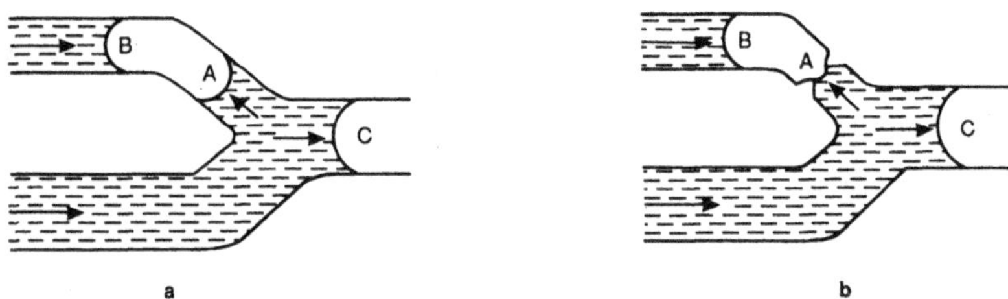

Figure 48 – **Expulsion de l'air emprisonné.** a) La bulle est soumise en B à une pression p_B dirigée vers la droite de la figure et en A à une pression $p_B - p_C$. La bulle se déplace dans le sens du courant. b) Au rétrécissement de A, existe une pression p_A dirigée vers la gauche de la figure et $p_A > p_B$. La bulle sera à l'équilibre si $p_B = p_A - p_C$ ou $p_A = p_B + p_C$.

Le fait que pour douze échantillons poreux, une régression significative au seuil 0,1 % ait pu être établie entre la fraction de la porosité ouverte occupée par l'air et le logarithme du rayon maximum des pores (μm) va dans le sens des explications précédentes. En effet, l'étendue de variation des rayons des pores d'un matériau est liée à son rayon maximum, puisque les rayons minimaux se situent dans une plage relativement étroite de 10^{-2} à 10^{-1} μm, (en ordre de grandeur), tandis que les rayons maximaux s'étendent de 10^{-1} à 10^2 μm (en ordre de grandeur). Le taux d'explication de la régression qui est de 84 % rend compte du fait que l'emprisonnement d'air initial est favorisé par une gamme étendue de variation des rayons, laquelle contrarie de plus l'expulsion de cet air.

Pour les matériaux qui s'humectent mal, la durée de l'immersion dans l'eau augmente le taux de remplissage, surtout pour les expériences réalisées à la pression atmosphérique. Ceci peut s'expliquer en partie par la diffusion de l'air des bulles vers l'extérieur à travers l'eau contenue dans le corps poreux, dans la mesure où la pression de l'air des bulles serait supérieure à celle de l'atmosphère du fait des actions capillaires. Mais les expériences de longue durée ne sont pas réalisées en conditions isothermes, ce qui conduit à se demander si les variations de température ne sont pas à mettre en cause. Pour un matériau se remplissant particulièrement mal, on a suivi la sortie d'air dans le temps (fig. 49), tout en provoquant périodiquement des diminutions temporaires de température jusqu'à 21 ou 26 °C sans dépasser à la remontée la valeur plafond de 30 °C. A chacune des remontées de température, on constate une expulsion d'air. Donc les variations de pressions de l'air emprisonné provoquent une expulsion d'air, peut-être en favorisant le déplacement des bulles retenues par les aspérités des pores.

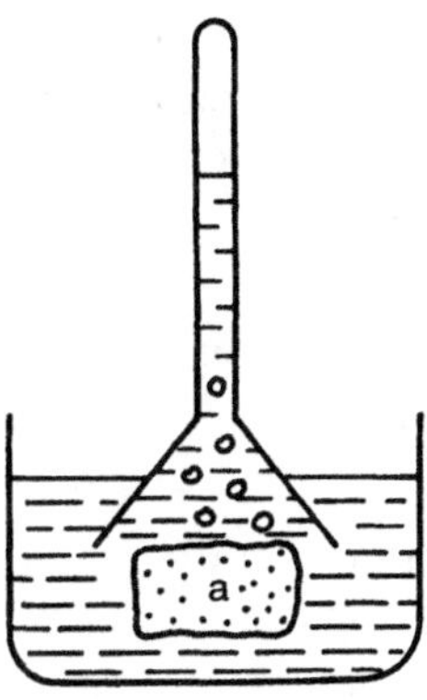

Figure 49 – Etude de l'expulsion d'air dans le temps.
a : corps poreux.

L'influence de la dimension des éléments grossiers sur leur remplissage par l'eau a été étudiée expérimentalement, en comparant les humidités d'échantillons cubiques ayant des arêtes de longueurs différentes ; ces échantillons ont été humectés avec précaution puis submergés pendant 40 jours (GRAS, 1971) (fig. 50). Les roches appartenant au groupe des corps poreux étudiés n'étaient pas altérées. Les cubes de craie avaient une humidité constante jusqu'à une longueur d'arête de 14 cm au moins ; cependant ce palier n'est atteint qu'au-delà d'une longueur d'arête de 2,2 cm. Pour la brique, dans l'intervalle étudié, l'humidité est indépendante de la dimension du fragment. Les trois autres matériaux présentent une diminution d'humidité, lorsque la dimension de leurs échantillons augmente. La succion exercée par les pores des matériaux et matérialisée par l'ascension capillaire de l'eau serait un élément d'explication. La craie et la brique ont des ascensions capillaires dépassant 15 cm tandis que pour les trois autres matériaux, elles s'échelonnent entre 0,7 et 1,8 cm seulement.

D'autres travaux ont été réalisés sur des fragments de roche collectés *in situ* et calibrés. COILE (1953) constate pour un ensemble de cailloux (roches basiques et

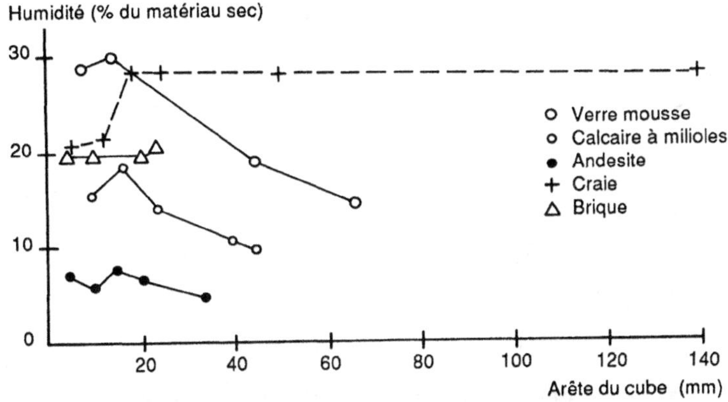

Figure 50 – Humectation et dimension des échantillons.

acides, schistes ardoisiers) une diminution de l'humidité retenue après une immersion de deux semaines, lorsque la dimension augmente (fig. 51a). HANSON et BLEVINS (1979) ont constaté pour des fragments de grès micacés et de schistes ardoisiers préalablement immergés une variation de même sens avec la dimension (fig. 51b). Les deux auteurs signalent que les cailloux de la fraction 2-5 mm sont plus altérés et que de ce fait, leur porosité est plus grande. Plus précisément, l'intensité de l'altération diminuant de la périphérie vers le centre, une plus grande proportion du volume des petits cailloux est altérée.

En définitive, la dimension des éléments grossiers n'a guère d'influence pour ceux qui, ayant des pores très fins, s'humectent facilement, la craie par exemple. L'augmentation de dimension des échantillons diminue par contre la quantité d'eau retenue pour les matériaux déjà connus pour s'humecter difficilement. *In situ*, surtout pour des roches telles que le granite, le basalte, l'effet spécifique «dimension» coexiste avec une influence de l'altération qui confère une certaine porosité à des roches qui en étaient initialement dépourvue.

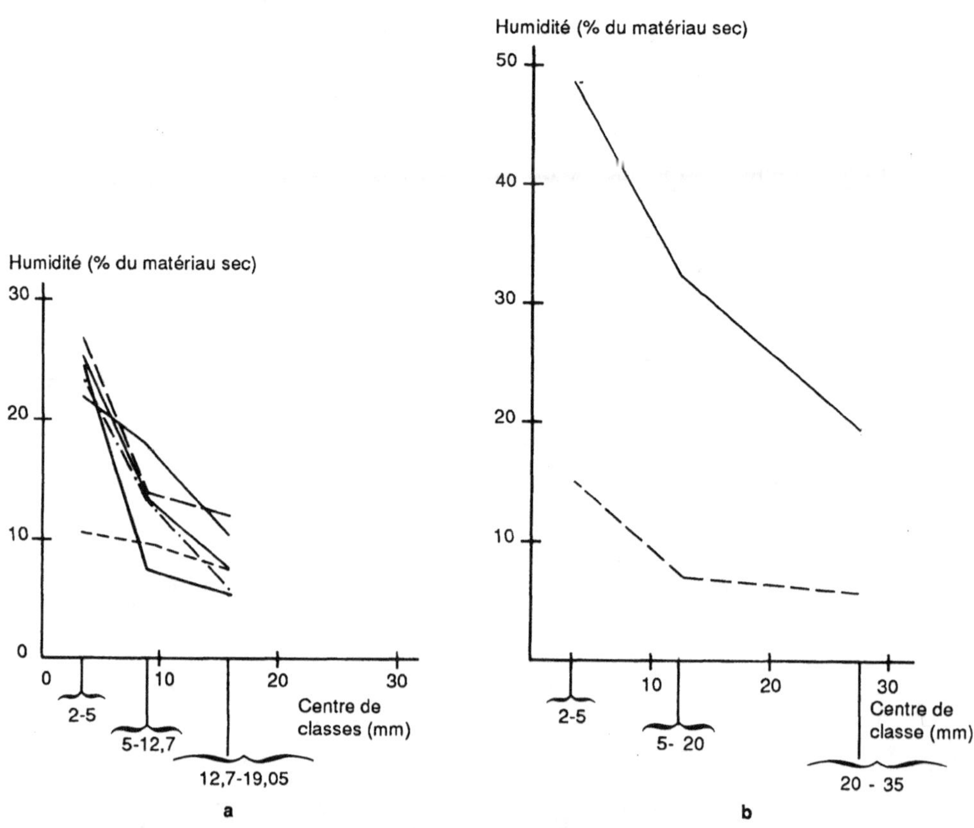

Figure 51 – Influence des dimensions des cailloux sur leur rétention en eau après saturation. a : d'après les données de COILE (1953), b : d'après les données de HANSON et BLEVINS (1979).

En conclusion, l'étude de l'humectation des cailloux par de l'eau libre montre que la quantité d'eau qu'ils retiennent ne dépend pas que de leur porosité ouverte mais de la façon dont cette porosité s'emplit effectivement d'eau. De ce fait, il est possible de distinguer deux groupes de matériaux. Ceux qui ont des pores étroits absorbent des quantités d'eau importantes et relativement indépendantes des conditions et des dimensions des cailloux. Les matériaux à pores plus larges s'humectent de façon plus aléatoire et les précautions prises ainsi que les dimensions des fragments interviennent d'une façon importante.

Humectation par l'intermédiaire de la terre humide

Deux séries d'expériences ont été réalisées : dans l'une, le caillou a absorbé de l'eau d'une terre humide dont le potentiel hydrique était contrôlé. Dans l'autre, l'humectation se fait par l'intermédiaire de l'eau en mouvement dans le sol avec des dispositifs expérimentaux déjà décrits (cf. p. 93).

Humectation à potentiel de l'eau fixé

Influences du potentiel de l'eau, de la nature de la terre et du temps. L'élément poreux est placé dans de la terre contenue dans un büchner et l'eau de la terre est soumise à une succion déterminée au moyen d'un entonnoir plein d'eau relié au büchner par un tuyau souple (fig. 52). Comme la succion appliquée varie avec la cote dans le büchner, le niveau de référence sera pris à la base de celui-ci, la cote du centre de gravité de l'élément poreux étant de 3,7 cm par rapport à ce niveau. Les tensions appliquées à l'eau étaient de 0 et 40 cm (0 et 0,04 bars), cette dernière valeur ayant été choisie parce qu'une des deux terres d'enrobage ne s'humecte pas à des valeurs supérieures. Deux sols ont été choisis, représentant des textures très différentes, un sable dit de Fontenay et la terre argileuse de l'horizon B de Versailles (tabl. 21).

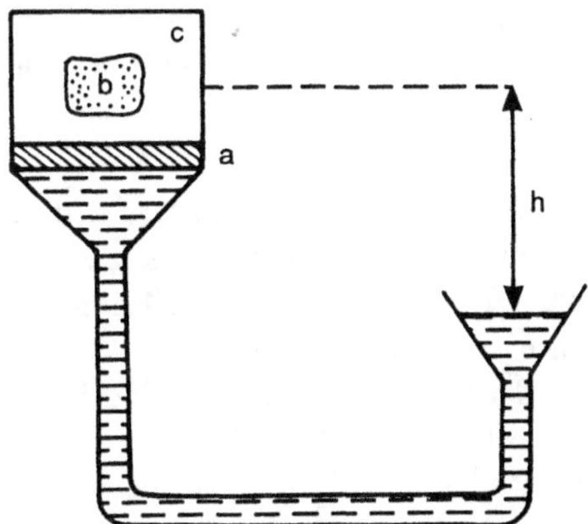

Figure 52 – Dispositif d'humectation avec succion contrôlée. a : plaque poreuse, b : élément poreux rigide, c : terre, h : valeur de la succion.

Tableau 21 – Pourcentages pondéraux des fractions granulométriques des sols utilisés.

Sable de Fontainebleau		Sable de Fontenay		Horizon B de Versailles	
matière organique : traces		matière organique : 0,8		matière organique : 0,40	
		0-2	μ : 5,0	0-2	μ : 29,95
		2-20	μ : 0,9	2-20	μ : 26,95
0-50	μ : traces	20-50	μ : 1,1	20-50	μ : 41,15
		50-63	μ : 0,2		
50-100	μ : 0,08	63-100	μ : 12,1		
		100-125	μ : 57,5		
100-200	μ : 8,11	125-160	μ : 20,9		
		160-200	μ : 1,5	50-200	μ : 1,15
200-500	μ : 91,00	200	μ : 0,2		
500-1 000	μ : 0,80				
				200-2 000	μ : 0,30

Pour remplir l'appareil de Haines, on maintient l'eau à une tension élevée de 150 cm d'eau, de façon à humecter le moins possible la terre, ce qui facilitera son tassement. On place une couche de terre que l'on tasse soigneusement, puis l'élément grossier que l'on recouvre ensuite de terre tassée. L'expérience commence lorsque la succion est ajustée à la valeur prévue. L'humidité des éléments rigides a été mesurée en général 10, 20, 30, 40 et 50 jours après le début de l'humectation. On dispose cependant, pour certains matériaux, de mesures d'humidité faites quelques heures après le début de l'humectation. L'humidité de référence est celle du même échantillon submergé à la pression atmosphérique avec précaution en un jour, puis laissé ainsi pendant 30 jours. Les résultats des expériences sont exprimés sous la forme du rapport entre l'humidité observée et l'humidité de référence.

Pour chaque matériau poreux rigide, varient la nature de la terre fine (deux variantes), le potentiel appliqué à l'eau (deux variantes) et la durée. Dans la figure 53, les ordonnées représentent les humidités exprimées en pour cent de l'humidité de référence pour les deux terres et pour les deux succions notées en abscisse. L'influence du temps est matérialisée par une courbe joignant les points moyens des résultats relatifs à une durée, c'est-à-dire la moyenne des humidités concernant deux terres et deux succions.

Les comportements des éléments rigides sont très différents. Deux groupes apparaissent, selon que l'humidité à la fin de l'essai est supérieure ou inférieure à 90 % de l'humidité de référence : la craie, la brique et la porcelaine atteignent des humidités supérieures à ce seuil en 10 jours au plus ; les humidités des autres matériaux sont très en deçà de ce seuil, même au bout de 50 jours. L'influence de la succion à laquelle est soumise l'eau de la terre n'est presque pas appréciable pour les trois matériaux se remplissant bien ; pour les autres, la quantité d'eau absorbée diminue lorsque la succion augmente. La nature de la terre n'intervient pas en général de façon sensible, le remplissage étant cependant légèrement meilleur dans le sable. Pour le verre-mousse, toutefois, le remplissage est meilleur

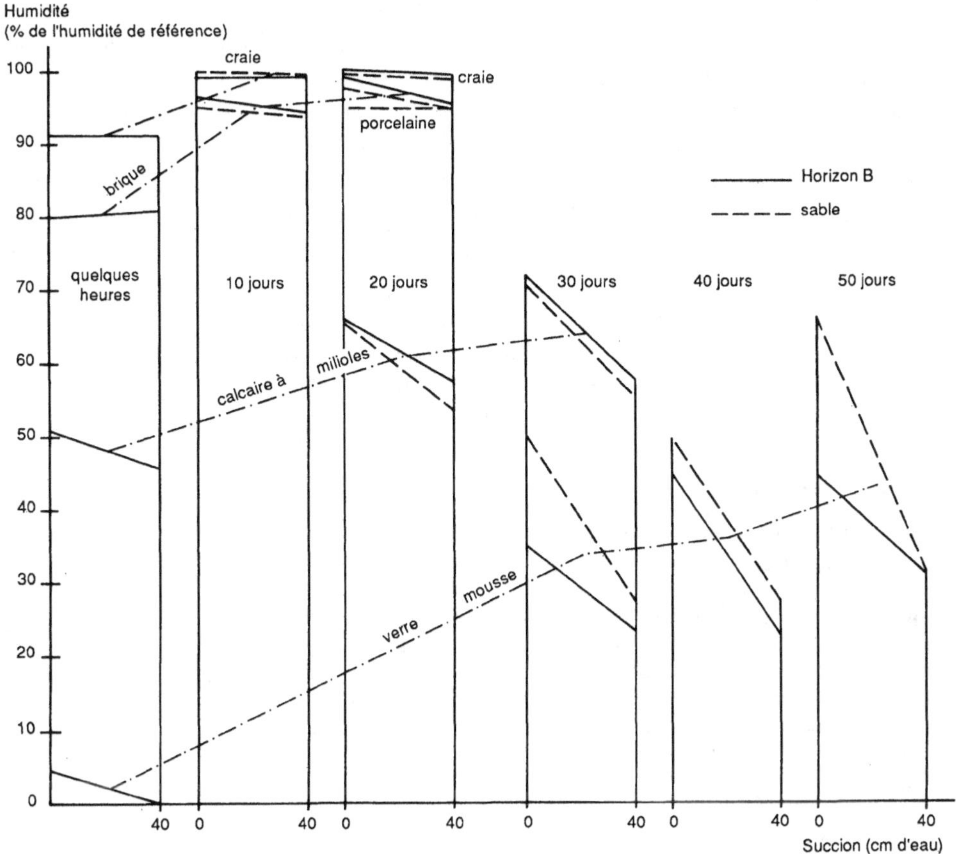

Figure 53 – Teneur en eau des échantillons après humectation à potentiel contrôlé.

avec l'horizon B. L'humidité augmente de façon appréciable avec le temps pour tous les matériaux, mais pour certains elle n'atteint pas de valeur plafond au bout de 50 jours.

Sur la figure, on constate que les effets des différentes conditions et du temps ne sont pas indépendants. Il existe une interaction entre la nature des éléments poreux et le temps, puisque des matériaux atteignent une humidité limite au bout de 20 jours seulement. Il y a aussi interaction entre la nature des matériaux et la succion, puisque celle-ci est pratiquement sans influence pour la craie, la brique et la porcelaine. Dans le même ordre d'idée, la nature de la terre fine n'a une influence appréciable que pour le verre-mousse et le calcaire à milioles.

Humectation par l'intermédiaire de l'eau en écoulement dans le sol

Les expériences réalisées pour étudier l'influence des cailloux sur la dynamique de l'eau ont été reprises avec une durée plus grande, 2 à 5 heures, en mesurant l'humidité du fragment poreux au terme de l'essai. Les humidités du sable de Fontenay pendant l'expérience ne sont pas connues avec précision, puisqu'elles sont mesurées juste après la fin de celle-ci. Lorsque le tube *vertical* de terre est alimenté par l'intermédiaire d'un *plan d'eau* établi à sa surface, deux phases sont à considérer. Pendant la première qui se termine lorsque l'eau percole à la base du tube, le sol n'est saturé qu'au voisinage du plan d'eau, puisque l'eau occupe 75 % seulement de la porosité ; une fois que l'eau s'écoule de la base du tube, le milieu est quasi saturé et la succion pratiquement nulle. Lorsque l'alimentation du *tube vertical* se fait, *sans plan d'eau*, 54 à 66 % de la porosité contiennent de l'eau, ce qui correspond à des succions de 30 à 40 cm d'eau. Une fois que l'eau s'écoule de la base, l'humidité du sable s'y élève à cause de la loi de sortie d'eau de RICHARDS déjà citée (cf. p. 125) ; il en résulte une répartition de l'humidité décroissante vers le haut et une succion mal définie et croissante vers le haut. Enfin, lors de l'*humectation latérale* d'un tube horizontal, au voisinage de l'élément le taux de saturation varie entre 78 et 84 % et la succion est de l'ordre de 35 cm d'eau. Dans le tableau 22, les résultats sont donnés ainsi que les valeurs de l'humidité de référence qui est la même que celle des expériences qui précédent.

On retrouve encore le classement des matériaux en deux groupes, selon qu'ils ont des pores relativement étroits ou des pores larges.

Tableau 22 – Teneur en eau des échantillons (% de la porosité ouverte) humectés par l'intermédiaire de l'eau en écoulement dans le sol.
Matériau d'enrobage : sable de Fontenay. Durée : deux à cinq heures.
Nombres à droite : résultats en % de l'humidité de référence.

Mode d'humectation	Craie (0,8 µ)		Dilue (24,5 µ)		Calcaire à milioles (250 µ)		Verre mousse (500 µ)		Billes de verre (1 000 µ)	
humectation verticale, sans plan d'eau	92,5	*92,6*	71,8 72,0	*72,0 72,2*	26,8	*55,2*	0,8 0,8	*3,0 3,0*		
humectation verticale, plan d'eau en surface	91,0*	*91,1*	73,2	*73,4*	**		1,6	*6,1*	0	
humectation latérale	91,2 99,5	*91,3 99,6*								
humidité de référence (% de porosité ouverte)	99,8	*100*	99,7	*100*	48,5	*100*	26,1	*100*	100	*100*

* durée d'expérience de 1h 20 : 92,2
** durée d'expérience de 1h 20 : 26,9

Dans le premier groupe, les échantillons acquièrent une teneur en eau très voisine de l'humidité de référence et ceci quel que soit le mode d'humectation. Cette indépendance tient au fait que les pores de ces matériaux exercent sur l'eau une succion bien supérieure à celle à laquelle est soumise l'eau du sol dans les dispositifs expérimentaux ; le remplissage de ces matériaux est donc indépendant de la succion appliquée à l'eau, tant que celle-ci ne dépasse pas la succion propre des matériaux. Ceci a pu être vérifié dans une expérience réalisée avec de la brique dont les pores les plus larges exercent une succion de 62 cm d'eau (fig. 54).

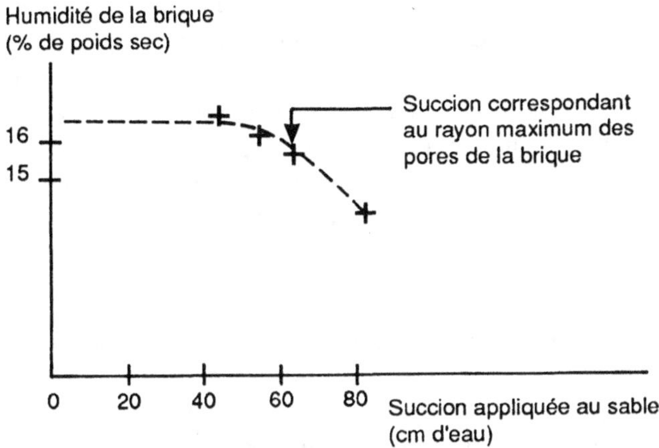

Figure 54 – Succion appliquée au sable et humectation de la brique.

Pour les autres matériaux dont les pores sont plus larges, le taux de remplissage de la porosité est beaucoup plus faible et peut même avoisiner zéro ; en plus, la façon de fournir l'eau au matériau intervient. Le calcaire à milioles a un comportement intermédiaire puisque son taux de remplissage est de 26 %.

Pour un matériau qui s'humecte très mal, le verre-mousse, les expériences avec écoulement de l'eau ont été reprises en augmentant leur durée. Celle-ci améliore le remplissage de l'élément grossier et le mode d'alimentation en eau de la terre a un effet spécifique, en ce sens que la teneur en eau est plus élevée lorsqu'un plan d'eau est établi à la surface du sable (tabl. 23). Quoique cette façon de faire puisse augmenter en principe l'emprisonnement d'air, l'expulsion de cet air serait facilitée par l'existence d'une pression hydrostatique consécutive à la saturation du sol.

En conclusion, la nature des éléments grossiers, et en particulier les diamètres de leurs pores, jouent un rôle essentiel dans la façon dont ils s'humectent effectivement au contact de la terre humide.

Tableau 23 – Teneur en eau du verre mousse (% de porosité ouverte) après des humectations par l'eau en écoulement dans le sol de durées différentes.

Durée	Fourniture d'eau au sable	
	Humectation verticale sans plan d'eau	Humectation verticale avec plan d'eau
2 à 5 heures	0,8 - 0,8	1,6
10 jours	12,1	21,4

Transfert d'eau du caillou au sol en voie de dessèchement

On a déjà vu que le transfert d'eau dans le sens terre cailloux a été constaté à la suite de dosages d'humidité effectués sur des cailloux retirés d'un sol humide. Pour le transfert d'eau en sens inverse, c'est-à-dire des cailloux vers la terre, on ne dispose que de présomptions basées sur le comportement des cultures citées dans le paragraphe. Nous allons donc présenter des expériences qui ont été montées pour mettre en évidence ce transfert. Auparavant, nous examinerons comment la présence d'un caillou non poreux modifie l'écoulement de l'eau au sein de la terre dans laquelle il est placé.

Effet d'un élément grossier non poreux sur l'écoulement de l'eau dans un sol

La présence d'un élément grossier non poreux perturbe-t-elle les transferts d'eau non saturante dans la terre qui l'entoure ?

Pour répondre à cette question, un échantillon de terre allongé ayant en son centre un élément grossier a été desséché par une de ses extrémités. Ce dessèchement aurait pu être réalisé par le chauffage d'une des extrémités de l'échantillon mais ceci aurait provoqué des transferts d'eau parasites dus à un gradient thermique : cycles vaporisation de l'eau – mouvement de la vapeur d'eau – condensation, (COLLIS GEORGE *et al.*, 1963). Aussi a-t-on extrait l'eau d'un certain volume de sol, en plaçant du silicagel au contact de celui-ci (PUECH, 1966). Mais au cours de l'expérience, le silicagel s'humidifie et son pouvoir absorbant diminue. On pallie en partie cet inconvénient en utilisant un appareil inspiré de celui de PUECH (1969) : l'absorption de l'eau est répartie sur une grande quantité de silicagel qui est renouvelée au contact du sol par le brassage d'une hélice (fig. 55). On peut

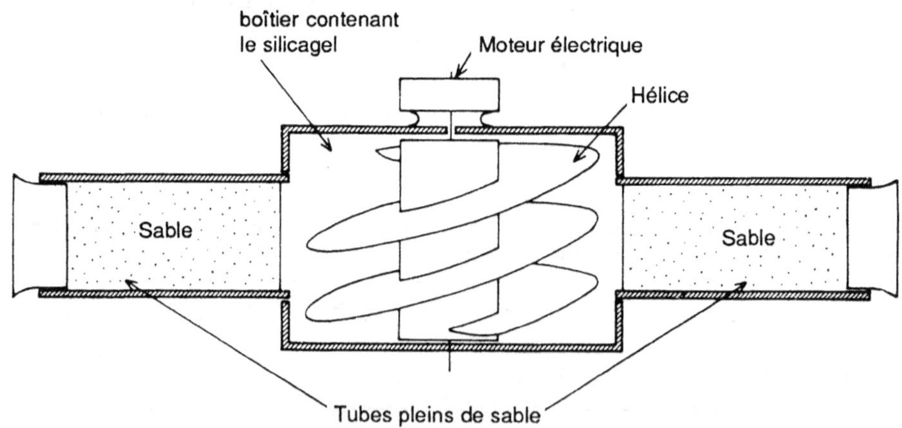

Figure 55 – Appareil d'extraction de l'eau par le silicagel.

ainsi extraire l'eau de deux tubes en même temps. L'expérience a duré 7 heures 15 minutes et on a fait tourner les tubes autour de leurs axes horizontaux tous les trois quarts d'heure, afin de diminuer les différences d'absorption dues au fait que le renouvellement du silicagel était moins intense dans la partie inférieure du tube. Au cours de l'expérience, on a remplacé une partie du silicagel de l'appareil par du silicagel sec.

La terre, constituée par du sable de Fontenay déjà décrit dans le tableau 21 est placée dans des tubes de 5,3 cm de diamètre intérieur. Un tube témoin ne contenant que de la terre est comparé à un tube d'essai contenant l'élément grossier. Le tube témoin est rempli de la façon suivante : le sable est jeté par fraction de 50 g dans le tube partiellement rempli d'eau : après chaque apport de sable, on élève un peu le niveau d'eau.

Dans le tube d'essai, on place au sein du sable un cylindre de plastique rigide (rayon : 2 cm, hauteur : 4 cm) ; la surface de section occupée par le sable passe ainsi de 22,0 cm^2 à 9,4 cm^2. Un dispositif permet d'éviter que la position de ce cylindre ne change à l'intérieur du sable humide. Ce tube est rempli de sable comme le tube témoin. Une fois le remplissage terminé, l'excès d'eau est enlevé, d'abord par simple égouttage, puis par application d'un vide modéré. Le tube est ensuite bouché et placé horizontalement pendant une nuit, pour que son humidité s'homogénéïse. Cette façon de procéder permet d'obtenir une humidité du sable plus régulière que celle que l'on obtiendrait en humectant le sable sec par capillarité, ou en laissant se ressuyer le sable préalablement saturé après remplissage à sec.

Le tube d'essai et le tube témoin sont mis en contact en même temps avec le silicagel dans l'appareil ; à la fin de l'expérience une perte d'eau a été constatée pour les 2 tubes dont l'humidité massique moyenne initiale de la terre était sensiblement la même (24,6 % pour le témoin et 23,2 % pour le tube d'essai). Le taux d'extraction de l'eau (quantité d'eau extraite/quantité initiale) est légèrement plus faible pour le tube d'essai (0,189) que pour le tube témoin (0,196), la différence étant très faible, puisque 0,189/0,196 = 0,96. Ainsi, lorsqu'une succion assez faible de 50 cm d'eau est appliquée à un sable relativement humide, la présence d'un élément grossier non poreux ne perturbe pas sensiblement le mouvement de l'eau vers une zone en voie de dessèchement.

Sur les profils hydriques établis au terme de l'expérience (fig. 56), on constate que le dessèchement se propage jusqu'à la partie du tube la plus éloignée de la zone d'absorption et que la présence de l'élément grossier ne perturbe pas ce phénomène. On constate aussi que l'humidité du sable est plus élevée au voisinage de l'élément grossier, ce qui traduirait l'existence d'un mécanisme qui compense la diminution de section utilisable pour l'écoulement par une augmentation du taux de remplissage en eau de ce milieu non saturé.

Il est vraisemblable que la perturbation apportée par l'élément grossier à l'écoulement de l'eau non saturante, à peine sensible pour une humidité relativement élevée, s'accentuerait au fur et à mesure que la terre se dessèche.

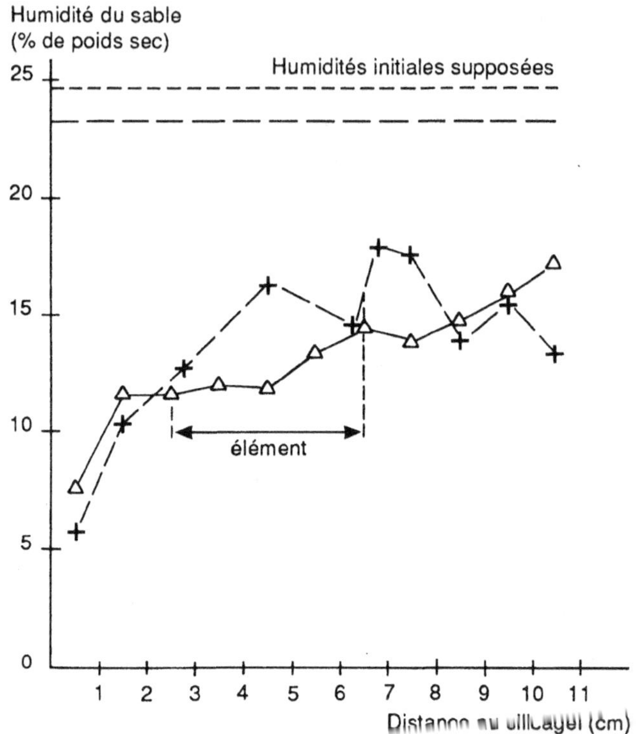

Figure 56 – Effet d'un élément grossier non poreux sur la dessication d'un sable. Profils hydriques. △ : tube témoin. + : tube d'essai.

Dessèchement d'un sol caillouteux par la plante

Ces expériences reviennent en fait à dessécher la terre contenant les cailloux par l'intermédiaire d'une plante jusqu'au flétrissement de celle-ci. Pour cela, COILE (1953) a réalisé des mélanges de terre fine et de cailloux. La terre fine de chaque sol (correspondant à une série) a été mélangée avec les cailloux de diamètre 2 à 5 mm et 12,7 mm à 19,0 mm issus de chacun des sols. La teneur massique en cailloux du mélange avait trois valeurs : 11,1, 20,0 et 27,3 %. Chaque mélange a été ainsi préparé : les cailloux ont d'abord été saturés d'eau, puis mélangés avec la terre séchée à l'air ; ensuite, suffisamment d'eau était ajoutée de façon à amener le mélange à une humidité supérieure à l'humidité équivalente. Des plants de seigle ont réduit l'humidité du mélange jusqu'à leur flétrissement. A ce moment là, les cailloux ont été séparés de la terre par tamisage et leurs humidités mesurées. Ces humidités qui correspondent à la terre au point de flétrissement sont données dans le tableau 24. La périphrase précédente est préférée à l'expression « point de flétrissement des cailloux » parce qu'on n'est pas sûr qu'une telle caractéristique ne dépende pas aussi de la terre fine au contact de laquelle ils se trouvent. Les résultats sont peu affectés par la teneur massique en cailloux. Mais il y a un effet de la taille des cailloux et une interaction taille nature des cailloux.

Tableau 24 – Humidités des cailloux dans de la terre au point de flétrissement (COILE, 1953).

Série de sols	Dimensions des cailloux (mm)					
	2 à 5			12,7 à 19,0		
	Concentration massique en cailloux (%)					
	11,1	20,0	27,3	11,1	20,0	27,3
	Humidité massique (%)					
Iredell	5,73	5,89	7,56	7,18	8,82	8,12
Cecil	2,30	2,69	1,40	3,84	4,40	2,17
Orange	8,04	8,88	9,92	5,07	3,10	6,12
Alamance	5,78	4,08	5,36	4,94	3,14	4,19
Herndon	5,27	5,20	5,98	4,12	3,44	4,00
Georgeville	8,46	7,10	7,50	4,90	2,06	6,09

Dans le tableau 25, les valeurs précédentes sont comparées à celles de l'humidité des cailloux correspondant à l'humidité équivalente. Pour tous les couples considérés, l'humidité au point de flétrissement est inférieure, ce qui dénote un dessèchement des cailloux. Comme l'auteur ne signale pas de chevelu racinaire au niveau des cailloux, il est peu probable qu'ils aient été desséchés directement par les racines et il y a vraisemblablement eu transfert d'eau des cailloux vers la terre.

Tableau 25 – Comparaisons des humidités de cailloux retirés de terres à l'humidité équivalente et des mêmes terres au point de flétrissement (% de matériau sec), d'après COILE, 1953.

				Humidité équivalente	Point de flétrissement	Différence
Iredell	2	à 5	mm	12,8	6,39	6,41
	12,7	à 19	mm	9,4	8,04	1,36
Cecil	2	à 5	mm	13,5	2,13	11,37
	12,7	à 19,0	mm	5,0	3,67	1,53
Orange .	2	à 5	mm	16,4	8,94	7,46
	12,7	à 19,0	mm	8,4	4,76	3,64
Alamance	2	à 5	mm	8,2	5,07	3,13
	12,7	à 19,0	mm	7,4	4,75	2,65
Herndon	2	à 5	mm	9,2	5,48	3,72
	12,7	à 19,0	mm	6,6	3,85	2,75
Georgeville	2	à 5	mm	15,3	7,68	7,62
	12,7	à 19,0	mm	11,4	4,35	7,05

HANSON et BLEVINS (1979) ont comparé dans des essais analogues l'humidité des cailloux retirés de sols à la capacité au champ à leur humidité au point de flétrissement, celui-ci étant obtenu de la même façon que COILE (tabl. 26). On constate également que l'humidité des cailloux « au point de flétrissement » est inférieure à celle « à la capacité au champ ». On pourrait faire les mêmes réserves sur l'interprétation que pour les expériences de COILE (1953). Mais comme ces

Tableau 26 – Comparaison des humidités de cailloux retirés d'une terre à la capacité au champ et de la même terre au point de flétrissement (HANSON et BLEVINS, 1979).

Terre fine	Cailloux		Humidité massique (%)	
	Nature	Dimensions (mm)	Capacité au champ	Point de flétrissement
limon graveleux	grès micacé	2-5 mm	9,5	4,5
		5-20 mm	7,6	2,6
		20-35 mm	5,9	1,5
limon argileux	schiste argileux	2-5 mm	26,7	9,7
		5-20 mm	18,4	7,2
		20-35 mm	17,3	6,7

auteurs sont parvenus à extraire de l'eau de cailloux placés dans un appareil à pression, celle-ci étant de 15 bars, on peut penser qu'il y a eu réellement transfert d'eau du caillou à la terre fine en voie de dessèchement.

Extraction d'eau d'un sol caillouteux par pression pneumatique

Pour extraire de l'eau de la terre au sein de laquelle se trouve l'échantillon de roche, on la place sur une matière poreuse dans une enceinte qui est soit un appareil à plaque poreuse pour la pression d'air jusqu'à 3 bars, soit un appareil à membrane poreuse pour des pressions de 15 16 bars.

HANSON et BLEVINS (1979) ont ressuyé dans un appareil à membrane, apparemment de grandes dimensions, des cailloux répartis en 3 classes de taille : 2 à 5 mm, 5 à 20 mm, 20 à 35 mm. Dans une expérience, les cailloux (grès micacés) étaient placés entre deux couches de sol de limon ; dans l'autre, les cailloux (schiste argileux) étaient mis de la même façon dans un limon argileux. Après quatre jours d'extraction à une pression pneumatique de 15 bars, tous les échantillons présentent un dessèchement notable par rapport aux humidités qu'ils avaient au contact de ces mêmes sols à la capacité au champ (tabl. 27).

Tableau 27 – Humidités massiques de cailloux classés par dimension et ressuyés par l'intermédiaire de la terre fine dans un appareil à membrane. Pression pneumatique appliquée : 15 bars. (HANSON et BLEVINS, 1979).

Couple terre fine - cailloux	Humidité massique des cailloux placés dans la terre	
	après ressuyage à pression de 15 bars	après avoir atteint le point de flétrissement biologique
grès micacé dans limon	2-5 mm : 3,9	4,5
	5-20 mm : 2,8	2,6
	20-35 mm : 2,3	1,5
schiste argileux dans limon argileux	2,5 mm : 13,8	9,7
	5-20 mm : 12,5	7,2
	20-35 mm : 11,1	6,7

La quantité d'eau retenue après ressuyage diminue, lorsque la taille des échantillons augmente, ce qui s'expliquerait par le fait que les fragments les plus gros absorbent moins d'eau lors de leur humectation. L'influence de la taille, constatée à la suite du ressuyage précédent, est parallèle à celle qui est apparue après dessèchement par les plantes jusqu'au flétrissement de la terre contenant les cailloux. Toutefois, pour le grès micacé, les valeurs sont très peu différentes d'une méthode à l'autre alors que le ressuyage sous pression donne des résultats bien supérieurs pour les schistes (fig. 57).

D'autres essais analogues (GRAS *et al.*, 1962) ont combiné trois matériaux d'enrobage et plusieurs catégories d'éléments grossiers. Les trois matériaux étaient un sable (Fontainebleau) dont la totalité des particules a une taille comprise entre 100 et 500 µm, un limon à 16 % d'argile et une terre argileuse à 45 % d'argile. Les éléments rigides étaient constitués de grès, de craie et de roches calcaires. Les mélanges ont été ressuyés de façon à obtenir la capacité au champ de la terre, en soumettant chaque sol à une pression déterminée empiriquement à partir de sa texture (GRAS, 1962). Dans le tableau 28, on constate que la nature de la terre n'a pratiquement pas d'influence sur l'humidité des éléments, une fois le sol amené à la capacité au champ, sauf pour le grès n° 1. Cette humidité des fragments grossiers est sensiblement la même que l'humidité de référence obtenue en les humectant avec précaution et en les laissant submergés trente jours. Si maintenant avec les mêmes matériaux d'enrobage et les mêmes éléments grossiers, la pression de

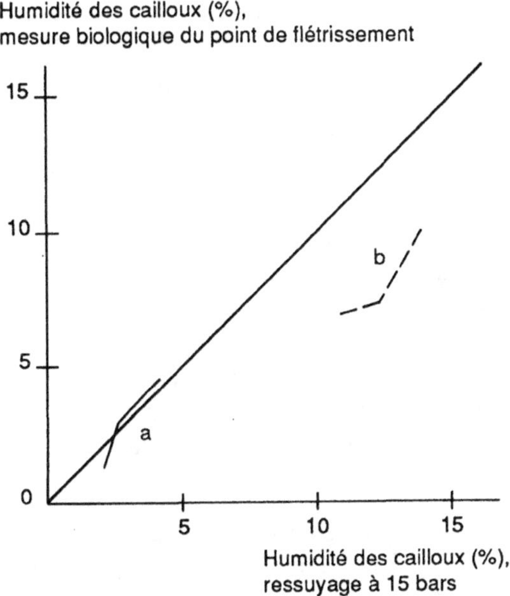

Figure 57 – Humidités de cailloux correspondant au point de flétrissement de la terre fine, déterminées par procédure biologique et ressuyage à 15 bars. D'après HANSON et BLEVINS (1979). a) grès micacé dans limon, b) schiste argileux dans limon argileux.

ressuyage est portée à 16 bars, la nature de la terre utilisée joue un grand rôle. Une différence importante existe entre le sable de Fontainebleau pour lequel la perte d'humidité des fragments est quasi nulle (sauf pour le grès n° 1) et le groupe limon argile auxquels correspondent des pertes d'eau importantes. Une explication serait que le ressuyage à une pression pneumatique plus élevée a vidé des pores de la terre suffisamment fins pour qu'ils extraient de l'eau des éléments grossiers.

Tableau 28 – Teneur en eau massique des cailloux à différents états d'équilibre. (g. d'eau pour 100 g de cailloux séchés à 105 °C).

Cailloux	Humidité de référence	Sable de Fontainebleau		Limon		Argile	
		Capacité au champ 0,06 bar (*)	Point de flétris. 16 bars (**)	Capacité au champ 0,4 bar (*)	Point de flétris. 16 bars (**)	Capacité au champ 1 bar (*)	Point de flétris. 16 bars (**)
grès							
n° 1	43,7	45,5	33,7	11,4	1,1	10,9	1,2
n° 2	9,0	8,9	9,4	8,8	2,0	8,0	2,1
calcaire							
craie	26,9	25,4	25,1	25,7	1,0	25,7	1,3
n° 1	7,9	7,4	7,4	7,0	1,4	7,3	1,6
n° 2	2,6	2,3	2,0	2,0	1,1	1,9	1,6

* les pressions de ressuyage ont été modulées pour s'approcher des capacités au champ *in situ*.
** les essais ont été réalisés avec des fragments de roche plus petits que pour la capacité au champ.

Pour essayer d'élucider le comportement particulier du sable de Fontainebleau, on a comparé ses effets sur le ressuyage des cailloux à celui du sable de Fontenay ayant une teneur un peu plus élevée en fraction fine (tabl. 21). Les éléments grossiers étaient constitués de craie, de pierre ponce, de verre mousse et de brique. Les pressions pneumatiques variaient dans la gamme 0,1 - 3 bars. Sur la figure 58, on constate que la teneur en eau des éléments grossiers varie avec la pression de ressuyage et qu'ils se comportent d'une façon spécifique. L'humidité de la pierre ponce et celle du verre mousse décroissent régulièrement dès que la pression est appliquée. Pour la brique, l'humidité décroît très progressivement au début. Enfin, l'humidité de la craie ne diminue de façon significative qu'au-delà d'une pression de 2 bars environ.

A ces comportements spécifiques correspondent des rayons équivalents maximum de pores très différents : 0,8 μm pour la craie, 24,5 μm pour la brique et 500 μm pour les deux autres. Lorsque dans ce sable des pores suffisamment fins se vident, ils exercent une succion supérieure à celle qui retient l'eau dans certains des pores des cailloux qui se vident ainsi progressivement. Ceci suppose une gamme de variation des diamètres des pores assez étendue.

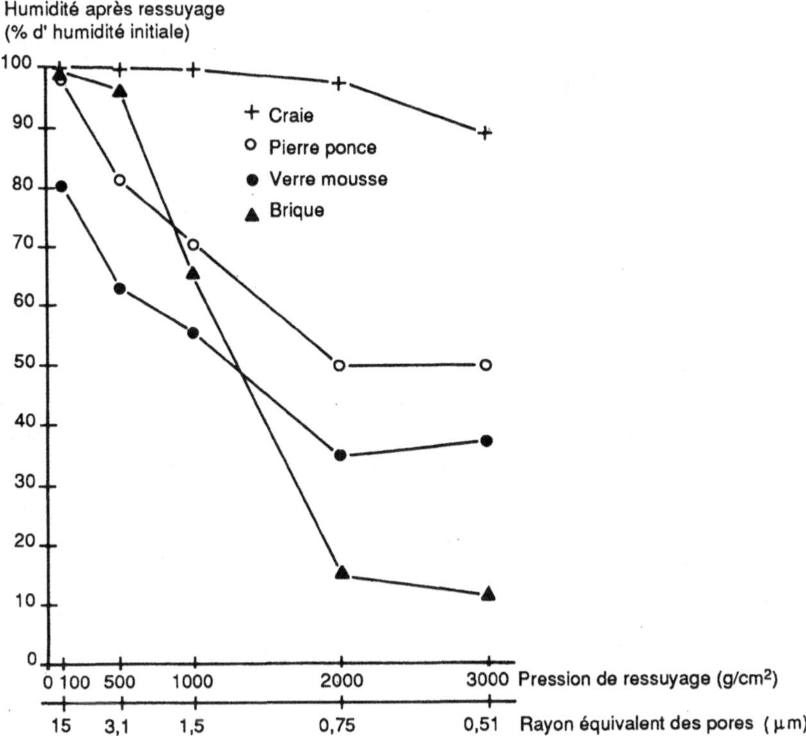

Figure 58 – Dessèchement d'éléments grossiers placés dans du sable de Fontenay humide ressuyé à des pressions différentes.

Lorsqu'on réalise la même expérience avec enrobage dans du sable de Fontainebleau, la quantité d'eau cédée par les éléments grossiers est nulle à une pression de 3 bars, sauf pour la pierre ponce qui cède seulement 11 % de son eau au matériau d'enrobage. Il est vraisemblable que dans ce sable la limite inférieure de la gamme de variation des rayons équivalents est beaucoup trop élevée pour que l'eau puisse être extraite de l'élément. En effet, compte-tenu de la granulométrie de ce sable, les rayons équivalents minimum doivent être de l'ordre de 100 µm, ils sont beaucoup plus larges que ceux de la craie et de la brique et du même ordre de grandeur que ceux de la pierre ponce et du verre mousse. Ceci n'explique pas le comportement particulier de la pierre ponce qui, quoique ayant une dimension maximum de pores du même ordre de grandeur que celle du verre mousse, absorbe seule de l'eau.

Les expériences précédentes ont été reprises pour la craie, la brique et la pierre ponce avec une pression de 16 bars. Dans le tableau 29, on constate que dans le sable le plus grossier, la cession d'eau est nulle pour la brique et la craie et seulement de 18,1 % de l'humidité à saturation pour la pierre ponce. La prise en considération de la largeur relative des pores du matériau d'enrobage et du fragment rigide ne rend donc pas compte de toutes les constatations expérimentales.

Tableau 29 – Humidités après ressuyage à 16 bars (% d'humidité avant ressuyage) d'éléments grossiers placés dans des matériaux d'enrobage différents.

matériau d'enrobage \\ élément grossier	craie	brique	pierre ponce
sable de Fontainebleau	100	100	81,7
sable de Fontenay	4,9	3,5	31,6

Pour préciser l'influence de la dimension des particules du matériau enrobant, on a utilisé des fractions extraites de la terre dont les diamètres extrêmes étaient déterminés : 0-2 µm, 2-20 µm, 20-50 µm, 50-100 µm, 100-200 µm et 200-500 µm. A la suite d'un ressuyage à 16 bars, les pertes d'eau d'un grès et de la craie ont été comparées (fig. 59). Pour la craie, le transfert est négligeable lorsque le rayon équivalent du matériau meuble atteint 20 µm. L'eau du grès est cédée plus progressivement. La cession d'eau dépend donc bien en grande partie de la texture du matériau d'enrobage.

Dans toutes les expériences précédentes, provoquer une variation de la pression de ressuyage et une variation de la dimension des particules enrobantes est complémentaire, en ce sens que ces modifications consistent toutes les deux à faire varier

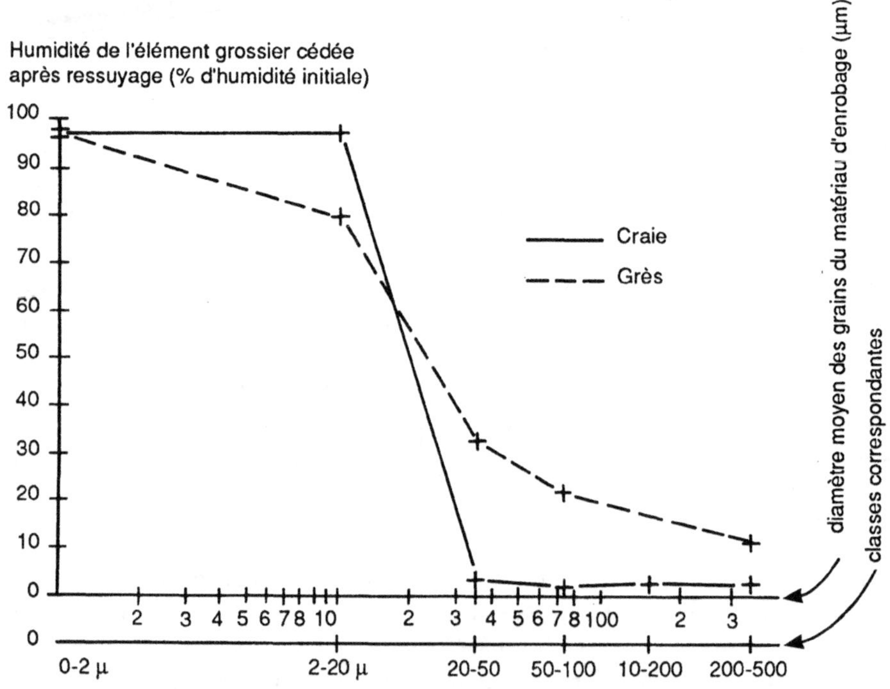

Figure 59 – Influence de la texture du matériau d'enrobage sur la cession d'eau. Grès et craie. Ressuyage sous une pression de 16 bars.

la succion effectivement appliquée par le matériau d'enrobage sur l'eau des éléments grossiers. Lorsque les pores du matériau d'enrobage sont trop larges, leur vidange est sans effet sur l'humidité des cailloux. A cet égard, il est important de noter que le sable de Fontenay, auquel tous les éléments étudiés cèdent de l'eau, est relativement pauvre en fractions fines (tabl. 21). Pour que les terres puissent extraire de l'eau des cailloux, il n'est donc pas nécessaire que leur texture soit très fine.

Mise en évidence d'un transfert d'eau sous forme liquide du caillou vers la terre

Le transfert d'eau, de l'élément poreux rigide au sable, peut s'effectuer sous forme liquide ou gazeuse. Dans ce dernier cas, il faut que la tension de vapeur d'eau soit plus faible dans l'espace poral du sable que dans celui de l'élément ; la diffusion provoque alors le transfert de certaines molécules d'eau sous forme gazeuse du corps poreux vers le sable. Ce mécanisme peut coexister avec le transfert sous forme liquide, la vapeur d'eau pouvant se condenser dans des pores si la température y est suffisamment basse.

Le transfert sous forme gazeuse peut avoir quelque importance dans des conditions particulières mais il est certain que le transfert sous forme liquide met en jeu des quantités d'eau plus grandes que la diffusion de la vapeur. Par ailleurs, c'est sous la forme liquide que l'eau intervient le plus efficacement pour la mise en solution des éléments nutritifs et l'alimentation en eau ; l'eau passe alors de l'élément grossier au sol et du sol à la racine. Pour toutes ces raisons, nous nous limiterons au transfert isotherme d'eau sous forme liquide.

L'expérience consiste à simuler un phénomène qui se passe fréquemment dans un sol, c'est-à-dire un dessèchement localisé sous l'influence par exemple d'une extraction d'eau par les racines. Le dispositif utilisé (cf. p. 136) consiste à extraire par du silicagel de l'eau d'un cylindre de terre contenant l'élément grossier. Il s'agit donc de dessécher localement la terre et de mettre en évidence si possible une perte d'eau sous forme liquide par l'élément grossier.

Mais une telle expérience ne saurait montrer sans ambiguïté que le transfert d'eau s'effectue sous forme liquide, puisque le corps poreux rigide peut perdre de l'eau du seul fait de l'évaporation, pourvu que l'expérience dure assez longtemps. C'est pourquoi l'eau de l'élément rigide a été marquée avec un sel. Ce sel se déposera à l'interface entre la terre et l'élément si l'eau de celui-ci s'évapore ou au contraire se retrouvera dans le sable, véhiculé par l'eau sous forme liquide, si le transfert s'effectue sous cette forme. Mais, même en l'absence de tout mouvement de l'eau, le marqueur se déplace lentement par diffusion, de façon que sa concentration tende à devenir la même pour l'eau de l'élément grossier et l'eau du sable. Il faut donc disposer d'un témoin permettant d'évaluer la teneur en sel dans le sable au voisinage de cet élément en l'absence de tout mouvement de l'eau.

Le dispositif expérimental déjà utilisé pour l'élément non poreux a dû être modifié à cause des difficultés de remplissage du tube contenant le sable et le corps poreux rigide. En effet, lorsqu'on essaie de remplir le tube avec du sable préalablement humecté, et de ce fait agrégé, on est obligé de tasser le sable pour rendre le remplissage régulier, mais ce faisant, on exprime en partie l'eau des agrégats et on crée ainsi une distribution très irrégulière de l'eau. On pourrait alors remplir le tube en versant le sable dans l'eau, comme cela a été décrit dans la section 7 ; mais la solution saline de l'élément poreux rigide risque de se diluer par diffusion du sel dans l'eau du récipient. Cette dilution affectant vraisemblablement plus la périphérie de l'élément que son centre, la concentration en sel de la solution emplissant l'élément ne serait plus constante et le marquage perdrait toute signification. Dans le dispositif adopté (fig. 60), le contact entre le sable et l'élément grossier se fait par une face seulement de celui-ci, ce qui peut limiter la quantité d'eau transférée. Des précautions particulières ont été prises pour éviter les pertes d'eau par évaporation à partir des autres faces de l'élément. Rappelons que la succion exercée par le silicagel est de l'ordre de 50 cm d'eau et que l'expérience dure six heures. Pour marquer l'eau, nous avons utilisé le $Cl_2Ca, 2\ H_2O$ à une concentration de 1 %, le calcium étant préféré au sodium, afin de ne pas provoquer la dispersion des colloïdes du sol. Le chlore a été dosé par potentiométrie, à l'aide de nitrate d'argent, sur la suspension obtenue en jetant la terre dans l'eau.

Pour chaque expérience, trois tubes ont été remplis. Deux sont montés sur l'appareil d'extraction d'eau : le tube d'essai contenant l'élément rigide de dimensions $2,6 \times 2,6 \times 4$ cm placé dans le sable humide et le tube témoin plein de sable humide. Un autre tube témoin, dit de diffusion, identique au tube d'essai, est constitué par de la terre humide avec en son sein un élément poreux rigide contenant de l'eau marquée. Ce tube laissé au repos en position horizontale pendant la durée du ressuyage des deux autres permet d'évaluer la distance parcourue par les molécules de sel marqueur du seul fait de la diffusion. Il faut remarquer que la quantité de chlore qui se déplace par diffusion est proportionnelle à la surface de section à travers laquelle les ions diffusent, ici la fraction de la surface de section du

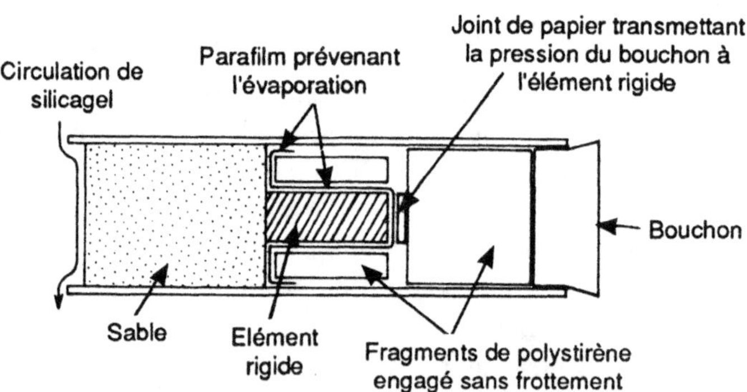

Figure 60 – Dispositif expérimental réalisé pour mettre en évidence la cession d'eau sous forme liquide d'un élément rigide au sable.

sable occupée par l'eau. Dans le témoin de diffusion non ressuyé, cette fraction est plus grande que dans le tube d'essai, duquel on extrait de l'eau. De ce fait, la quantité de chlore qui a diffusé dans ce tube témoin surestime la quantité de chlore qui a migré par seule diffusion dans le tube d'essai mais la distance parcourue par les ions dans le tube d'essai n'est pas forcément exagérée.

Une expérience a été réalisée avec un massif de billes de verre de diamètre compris entre 50 et 63 µm : la quantité d'eau cédée par les billes de verre a été quasi nulle. Il est vraisemblable que ce résultat est dû au fait que la succion de l'eau dans le massif est beaucoup trop élevée par rapport à la succion à laquelle était soumise l'eau du sable humide.

Dans une autre expérience, un prisme constitué de billes de plus grand diamètre (200-225 µm) a cédé 92,3 % de son eau et on a retrouvé du chlore jusqu'à l'extrémité de l'échantillon de sol, long de 4 cm, distance supérieure à celle obtenue dans le témoin de diffusion. La concentration en chlore s'élève brutalement au voisinage du silicagel, ce qui indiquerait une perte d'eau par évaporation au contact silicagel-sable.

L'expérience a été recommencée en portant la longueur de l'échantillon de sable à 8 cm, de façon que l'eau salée provenant du massif de billes de verre ne parvienne pas jusqu'à l'extrémité du tube en contact avec le silicagel ; on pouvait ainsi évaluer la longueur du trajet parcouru dans le sable par l'eau salée venue de l'élément rigide. Ce sont les résultats de cette expérience qui sont représentés sur la fig. 61. Le fait important est qu'on retrouve du chlore dans le sable jusqu'à 5,5 cm de la paroi du massif de billes de verre, distance de beaucoup supérieure à celle obtenue avec le témoin de diffusion : 2,5 cm. Ceci montre sans ambiguïté que le massif de billes de verre cède de l'eau sous forme liquide à un sable en cours de dessèchement, la perte d'eau du massif poreux étant de 92,4 % de sa teneur au début de l'expérience.

En fin d'expériences, les profils hydriques dans le sable sont assez semblables en l'absence ou en présence du massif de billes de verre.

Les conditions des transferts d'eau
entre les cailloux et la terre fine

Hormis les cas où les radicelles extraient directement l'eau des cailloux, ceux-ci contribuent à la réserve en eau du sol, s'ils peuvent s'humecter au détriment du sol humide, et ensuite céder l'eau ainsi emmagasinée au sol en voie de dessèchement.

Il est important de préciser les conditions qui régissent ces transferts pour juger de l'intervention possible des cailloux dans la réserve en eau du sol. Mais connaître ces conditions de transferts est également nécessaire pour préciser le rôle des cail-

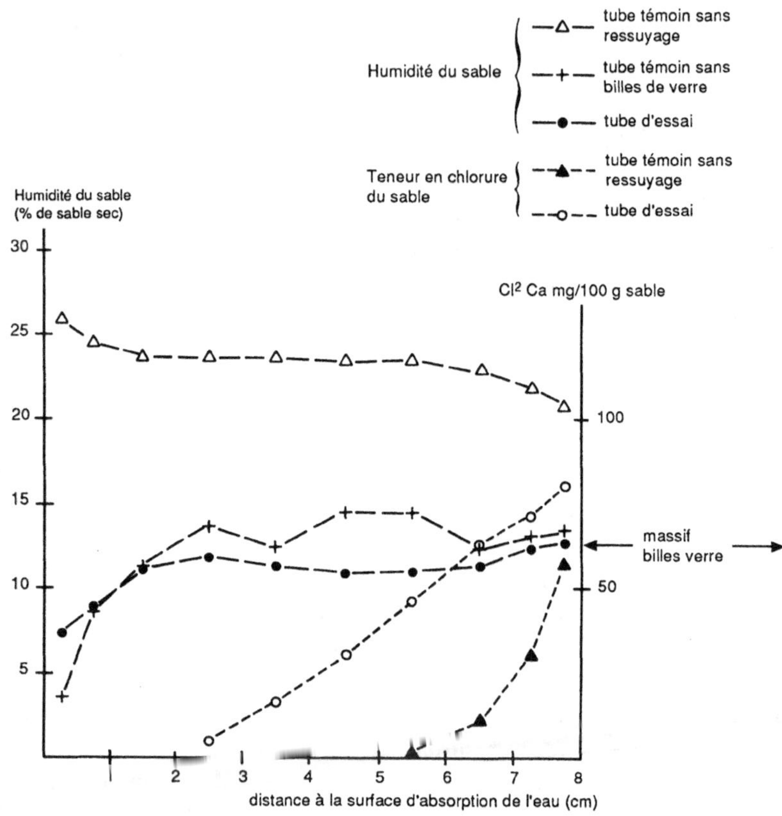

Figure 61 – Transfert d'eau sous forme liquide d'un massif de billes de verre au sable en voie de dessèchement. Profils hydriques et teneurs en chlore. Longueur de l'échantillon de sable : 8 cm.

loux poreux dans la transmission de l'eau et dans la modification des propriétés thermiques. Les facteurs importants sont les diamètres équivalents de pores qui régissent la succion qu'exercent les pores d'un matériau poreux sur l'eau retenue dans les pores d'un autre matériau. On a vu que cette hypothèse de la succion rendait compte de beaucoup de constatations expérimentales faites dans le chapitre 7. Dans une étude de l'écoulement par gravité dans des colonnes verticales emplies de deux terres de textures différentes, EAGLEMAN et JAMISON (1962) ont apporté des précisions à ce sujet. Le passage de l'eau de pores larges à des pores plus étroits n'est soumis à aucune restriction, pourvu que la différence de largeur ne soit pas trop grande (rapport des largeurs de l'ordre de 5). Par contre, le mouvement vertical d'eau vers le bas des pores larges vers les pores étroits est très lent. Il serait encore plus lent pour un déplacement horizontal.

Mais d'autres facteurs interviennent aussi en plus de la succion comme les contacts entre les deux matériaux poreux, de même que leur mouillabilité relative.

Succion exercée par les pores de deux matériaux poreux différents

Admettons d'abord que pour chacun des deux matériaux poreux que sont la terre fine (A) et le caillou (B), les pores soient isodiamétriques et que leurs rayons aient pour valeurs respectives v_A et v_B.

Dans le cas où $v_A = v_B$, une inclusion du matériau B dans le matériau A ne modifiera pas le comportement de l'ensemble du point de vue transfert d'eau.

Si $v_A > v_B$, le matériau B pourra extraire de l'eau du matériau A, mais ne pourra la rétrocéder à A si celui-ci se dessèche. Au cas où $v_A < v_B$, le matériau A pourrait extraire de l'eau du matériau B mais ce dernier n'aurait pas pu s'humecter au détriment de A. Dans les deux cas, les transferts ne sont possibles que dans un seul sens.

En fait, il n'y a généralement pas un seul diamètre de pore dans un matériau mais des diamètres qui varient de façon continue, ce qui se traduit par une courbe cumulative des rayons des pores ouverts ayant une forme sigmoïde : $P_i = f(v_i)$, P_i étant la fraction du volume poral représentée par les pores de rayon inférieur à v_i. La courbe de répartition représente $\dfrac{dP}{dr} = f'(v) = g(v)$; elle a généralement l'allure d'une courbe en cloche. C'est cette dernière représentation que nous utiliserons pour caractériser les pores des matériaux A et B, la gamme de variation des rayons étant la différence entre le rayon du pore le plus large et le rayon du pore le plus étroit.

Si ces gammes ne se recouvrent pas, tous les pores du caillou (B) seront plus fins que tous les pores de la terre (A) (fig. 62.1). L'eau pourra passer de A vers B, mais l'inverse ne sera pas possible. On est ramené au cas des matériaux dont les pores isodiamétriques ont des rayons différents.

Examinons ce qui se passe si les étendues de variation des pores se recouvrent (fig. 62.2a). La terre et le caillou étant initialement secs, humectons la terre. Une fois les pores de A pleins d'eau, ils pourront en général humecter le corps B. Le remplissage des pores de B correspondant à la zone de recouvrement n'est pas toujours possible à partir de tous les homologues de A. Mais quoi qu'il en soit, B s'humectera complètement au détriment de A. Desséchons maintenant la terre. Comme les transferts ne peuvent se faire que des pores larges aux pores étroits, seuls les pores de A dont les rayons sont dans la zone de recouvrement pourront, une fois vidés, absorber de l'eau des pores correspondant de B (fig. 62.2b). Donc dans le cas du recouvrement des étendues de variation des rayons, les transferts d'eau entre A et B peuvent se faire dans les deux sens, selon l'humidité des deux milieux poreux.

L'eau ne commence à passer des cailloux au sol que lorsque ce dernier est parvenu à un stade de dessèchement tel que des pores de la terre plus étroits que les plus larges des pores des cailloux se sont vidés. Suivant la répartition relative des pores

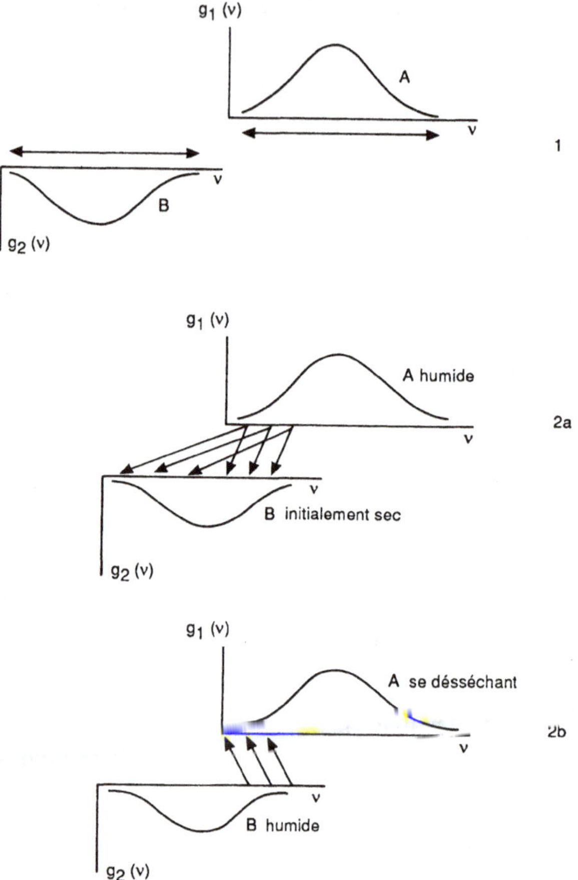

Figure 62 – Courbes de répartition des rayons équivalents v des pores de la terre fine (A) et du cailloux (B).
1. Pas de recouvrement des étendues de variation. 2. Recouvrement : a) humectation des cailloux au détriment de la terre fine ; b) humectation de la terre fine au détriment des cailloux. Les flèches indiquent les sens des transferts d'eau.

des deux matériaux grossiers, ce transfert d'eau se fait plus ou moins rapidement après le début du dessèchement de la terre. Si la terre et les cailloux ont des diamètres de pores peu différents, ce transfert peut se produire assez vite. Mais il existe aussi des situations où les matériaux grossiers ont des pores suffisamment fins pour ne fournir de l'eau à la terre que lorsque celle-ci est parvenue à un certain stade de dessèchement. Le caillou ne cède de l'eau que lorsque le sol est déjà assez sec, sa présence dans le sol est donc un facteur de résistance à la sécheresse pour les cultures non irriguées. Par contre, si on irrigue avant que le sol soit suffisamment sec pour extraire de l'eau du caillou celui-ci se comporte comme un lest inerte.

Par ailleurs, il faut remarquer que la fraction de la porosité du caillou concernée par les transferts augmente avec l'étendue du recouvrement des rayons de ses pores avec ceux de la terre. De fait, il y a généralement un recouvrement important entre la gamme de variation des diamètres des pores de la terre et celle des cailloux (fig. 63).

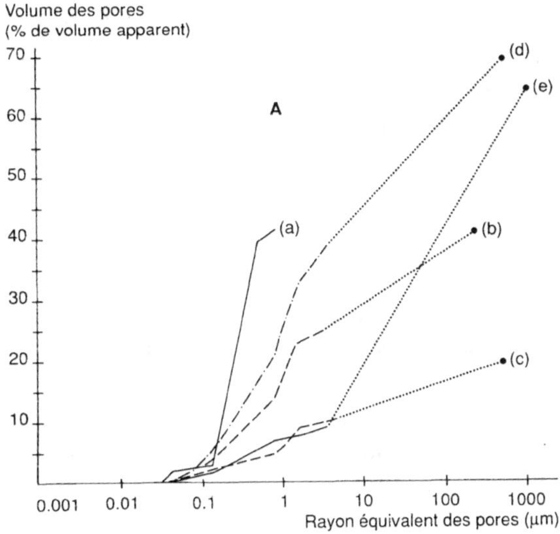

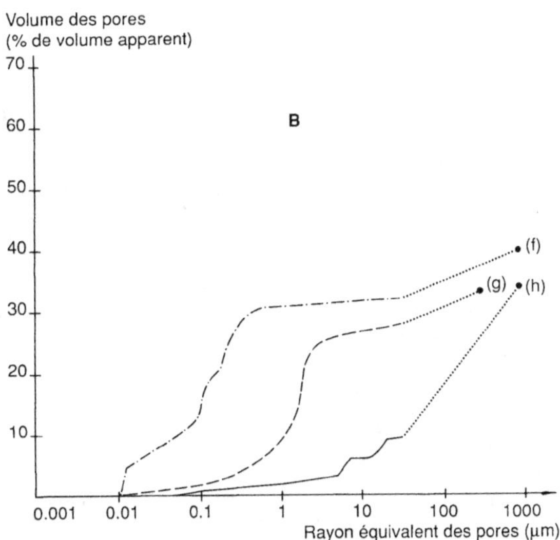

Figure 63 – Courbes cumulatives des rayons équivalents des pores pour des cailloux et des terres fines. Le rayon des pores étroits est déterminé par injection de mercure et le rayon maximum est apprécié visuellement. De ce fait, la répartition des pores n'est pas connue entre le rayon maximum absolu et le rayon maximum accessible par injection de mercure (partie de courbe en pointillé).
A. Cailloux : a) craie - b) calcaire à milioles - c) andesite - d) pierre ponce.
B. Terre fine : f) sol argileux - g) sol limoneux - h) sol sableux.

L'analyse précédente admet qu'en conditions non saturantes la différence entre le potentiel matriciel de l'eau dans la terre fine et dans le caillou est le facteur principal du mouvement de l'eau d'un milieu à l'autre. Le potentiel gravifique intervient aussi mais son gradient est toujours inférieur ou égal à 1, le potentiel étant rapporté au poids d'eau ; il tend à déplacer l'eau vers le bas (fig. 64). A ce titre, son action se conjugue ou s'oppose à l'action du potentiel matriciel qui induit un mouvement dans un sens ou dans un autre selon les valeurs relatives des succions dans la terre fine et dans l'élément grossier. La valeur du gradient de potentiel matriciel est en général de beaucoup supérieure à 1, valeur maxima du potentiel gravifique. D'après un calcul théorique basé sur la loi de Laplace reliant la pression capillaire au rayon du pore, $\Delta\psi / \Delta x$ dépasse largement 1 pour $\Delta x = 1$ cm. En effet, $\Delta\psi = 1$ cm si le rayon de pore passe seulement de 10 µm dans un milieu à 10,06 µm dans l'autre ou de 1 µm à 1,0006 µm.

Enfin, lorsque le sol est quasi saturé, le potentiel de pression intervient en plus, puisque la pression hydrostatique se transmet dans la partie humectée de la terre. On a effectivement vu dans les expériences d'humectation de la terre par un plan d'eau en surface que le passage de l'eau aux cailloux est facilité. En fait, d'après les enregistrements tensiométriques, les périodes pendant lesquelles le sol est saturé *in situ* sont de courtes durées.

Contact entre les cailloux et la terre fine

Les transferts d'eau ne peuvent se produire entre les deux matériaux que si les ouvertures de leurs pores respectifs sont en contact étroit, ce qui peut se réaliser par un film d'eau existant entre les deux matériaux. On conçoit que la fréquence

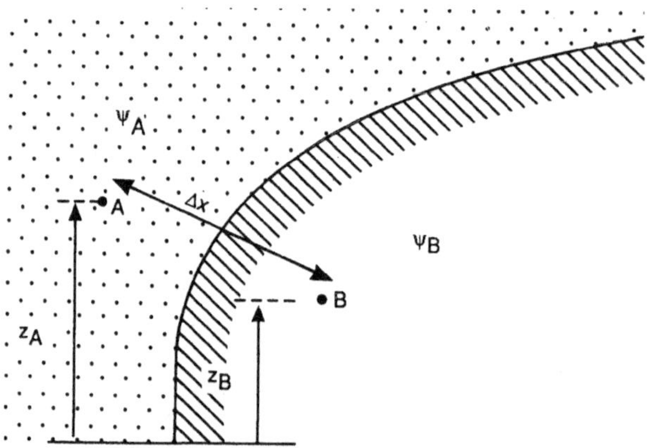

Figure 64 – Gradient de potentiel total de l'eau non saturante (rapporté au poids d'eau) entre 2 points situés l'un dans la terre fine (A) et l'autre dans le caillou (B), distants de Δx et de cotes respectives z_A et z_B.
Gradient de potentiel gravifique : $(z_A - z_B) / \Delta x$, < 1, valeur 1 correspondant à la position de A et de B sur une verticale. Gradient de potentiel matriciel $(\psi_{mA} - \psi_{mB}) / \Delta x = \Delta\psi_m / \Delta x$. Gradient de potentiel total : $(z_A - z_B) / \Delta x + \Delta\psi_m / \Delta x$.

de ces contacts soit d'abord affectée par la texture de la terre fine; elle serait beaucoup moins élevée avec un sable grossier qu'avec un limon.

En fait, la fréquence des contacts varie dans le même sens que la succion qu'exerce la terre fine sur l'eau et il est très difficile de séparer ces deux facteurs. Quoi qu'il en soit, d'après les essais réalisés précédemment avec le sable de Fontenay, il semble qu'une faible teneur en éléments fins de l'ordre de 10 % de particules de diamètre inférieur à 50 μ soit suffisante. Cependant, pour les sols argileux présentant un fort retrait, des problèmes importants de contact existent jusqu'à ce que le sol ait gonflé après avoir absorbé de l'eau.

Dans le cas des cailloux, les contacts avec la terre ne sont pas facilités par leur rugosité éventuelle et celle-ci est beaucoup plus faible pour la craie que pour la pouzzolane par exemple. En définitive, l'étroitesse plus ou moins grande des contacts entre le milieu granulaire qu'est le sol et le milieu rigide qu'est le caillou déterminera la possibilité d'intervention effective des succions relatives des deux matériaux sur les échanges d'eau.

Histeresis

C'est un retard à l'humectation qui, entravant les transferts d'eau, est susceptible d'expliquer l'action positive du temps sur l'humectation par l'intermédiaire du sol. Dans le sens caillou sol, le transfert d'eau se fait vers un matériau non saturé mais encore humide et l'histeresis doit avoir moins d'importance, que lorsque l'eau passe de la terre au caillou sec.

Pour ce qui est des causes de l'histeresis, on peut citer l'emprisonnement d'air largement étudié, mais aussi la mouillabilité de la paroi des pores et éventuellement les petites variations de structure dans le sol. La différence de mouillabilité entre la pierre et la terre intervient également.

Il faut convenir que les considérations précédentes n'expliquent pas certains résultats expérimentaux et notamment, que dans un sable relativement grossier comme celui de Fontainebleau, un seul matériau, la pierre ponce, cède de l'eau malgré une valeur élevée du rayon équivalent maximum de ses pores. Peut-être la seule considération de la valeur maxima de ce rayon est-elle insuffisante ? Malgré tout, l'hypothèse faisant intervenir les dimensions relatives de pores des deux milieux est satisfaisante pour expliquer la plupart des constatations expérimentales.

Absorption directe de l'eau des cailloux par les racines

On observe souvent que des radicelles se développent au contact des éléments grossiers ou à l'intérieur même de leurs pores. Elles sont donc en mesure d'extraire l'eau de ces éléments qui contribuent ainsi directement à la capacité de réserve en eau du sol, sans qu'il soit nécessaire de faire intervenir la terre fine comme intermédiaire. De ce fait, les éléments grossiers dont tous les pores sont plus étroits que ceux de la terre fine jouent un rôle dans la fourniture d'eau au végétal : ils peuvent s'humecter à partir de la terre fine et l'extraction directe d'eau par les racines supplée au fait que le passage d'eau des cailloux à la terre fine n'est pas possible (cf. p. 149).

Contribution des cailloux à la réserve en eau du sol

On vient de voir que les cailloux peuvent contribuer à la réserve en eau du sol et le problème se pose maintenant du calcul de cette réserve. La connaissance de la répartition des rayons des pores des cailloux et de la terre fine pourrait fournir des éléments de calcul mais au prix de mesures longues demandant un matériel qui n'est pas disponible dans tous les laboratoires. Aussi en se bornant à évaluer ces réserves, nous allons proposer des mesures plus simples. La façon de calculer les réserves sur une certaine épaisseur sera donnée avant de citer quelques ordres de grandeur de la contribution des cailloux.

Les humidités « caractéristiques » des cailloux

Comme on l'a déjà signalé, on ne peut pas vraiment parler pour les cailloux d'un point de flétrissement ou d'une capacité au champ. En effet, la teneur en eau d'un caillou en équilibre hydrique avec une terre à la capacité au champ par exemple n'est pas spécifique du caillou mais du couple caillou-terre fine qui l'entoure. On peut seulement parler d'humidité du caillou à la capacité au champ ou au point de flétrissement de la terre fine.

Une autre difficulté provient du fait que la rétention d'eau des éléments grossiers aux deux équilibres précédents est affectée par leurs dimensions. En effet, la rétention en eau diminue plus ou moins lorsque les dimensions augmentent, du moins dans l'intervalle exploré de 2 à 30 mm. L'intensité de cette diminution varie avec la nature des éléments et leur degré d'altération. Des matériaux à pores étroits, comme la craie, ne sont pas affectés jusqu'à des dimensions relativement élevées (15 cm); par contre, pour d'autres matériaux, la rétention de fragments de 35 mm par exemple, représente seulement 30 à 60 % de la rétention de fragments de la classe de dimension 2-5 mm. Il est difficile de discerner si ces effets ne proviennent que de la dimension ou d'une intéraction entre la dimension et l'altération qui n'affecte que la couche périphérique des cailloux. Aucun renseignement n'est disponible pour les fragments de roche de dimension supérieure à 3 cm; on peut simplement remarquer que les matériaux qui retiennent de l'eau sont poreux et donc fragiles et que la probabilité pour que des fragments de grande dimension existent en nombre important n'est pas très élevée. Cet effet de la dimension des cailloux sur leur rétention d'eau complique considérablement la mesure de leurs humidités à l'équilibre avec celle de la terre.

Mesure de l'humidité des cailloux en équilibre avec la terre fine à la capacité au champ

Les mesures *in situ* permettent d'éluder le problème de la dimension des cailloux. Lorsque le sol en place est à la capacité au champ, la collecte d'un échantillon de cailloux permettra de mesurer leur humidité après un brossage préalable destiné à les débarasser de la terre fine humide qui adhère à leur surface. Il n'y a pratiquement pas de limitation quant à leur dimension.

Au laboratoire, des cailloux préalablement humectés avec précaution sont placés avec de la terre fine qu'on humidifie ensuite progressivement et qu'on laisse submergés par quelque mm d'eau pendant 24 heures. L'ensemble est ensuite ressuyé dans un appareil à plaque poreuse à une pression pneumatique permettant de retrouver leur capacité au champ (GRAS, 1962). L'échantillon d'éléments grossiers doit comporter les éléments les plus gros compatibles avec les dimensions de l'appareil d'extraction d'eau. En augmentant l'épaisseur de l'échantillon de terre, la dimension maximum de cailloux est de l'ordre de 2 cm ; la durée de ressuyage doit être augmentée par rapport à celle correspondant à une épaisseur de terre de 1 cm. Le problème de la dimension des cailloux n'est donc pas complètement résolu et les résultats ainsi obtenus ne sont pas valables pour des fragments plus gros. Au cas où l'on ne dispose pas d'appareil à pression pneumatique, l'humectation des fragments de roche par submersion dans l'eau, donne une idée de leur rétention par simple pesée. Cette valeur ne constitue cependant qu'une évaluation grossière généralement surestimée de l'humidité des cailloux correspondant à la capacité au champ de la terre (fig. 65), l'erreur dépendant en outre de la nature de la terre fine. Cependant, une telle procédure est susceptible de fournir sur la rétention d'eau des cailloux de grandes dimensions des renseignements qui ne peuvent être obtenus facilement d'une autre façon.

Mesure de l'humidité des cailloux en équilibre avec la terre fine au point de flétrissement

Comme il est très difficile de déterminer *in situ* si un sol a atteint le point de flétrissement, il est nécessaire d'opérer au laboratoire.

La procédure biologique de détermination du point de flétrissement fournit une solution. De la terre contenant des cailloux est préparée comme pour déterminer la capacité au champ. Ensuite, une plante est installée et son flétrissement irréversible indique que la terre fine est au point de flétrissement. Il suffit alors de mesurer l'humidité des éléments grossiers pour connaître leur teneur en eau, lorsqu'ils sont à l'équilibre hydrique avec la terre fine. Avec cette méthode, on a une certaine latitude pour utiliser des cailloux de dimensions assez grandes. Les résultats sont à peu près indépendants de la teneur en cailloux de la terre (COILE, 1953).

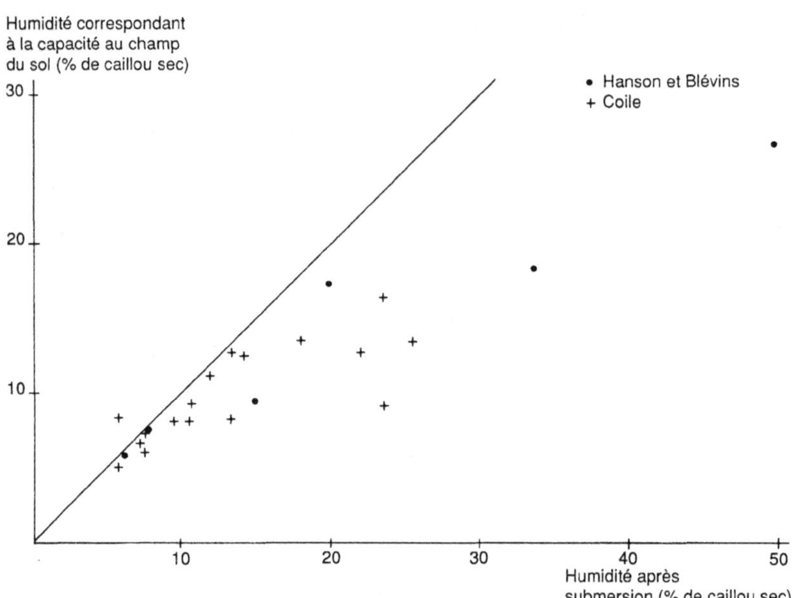

Figure 65 – Comparaison des humidités obtenues par submersion et des humidités correspondant à la capacité au champ du sol. D'après les données de COILE (1953) et de HANSON et BLEVINS (1979). Submersion à pression atmosphérique pendant deux semaines.

Il est possible également d'amener de la terre contenant des cailloux au point de flétrissement en appliquant une pression pneumatique de 15-16 bars. Du fait de la résistance mécanique des enceintes supportant de telles pressions, la hauteur des porte-échantillons est réduite, 10 mm. Il en résulte que la dimension des cailloux ne peut guère dépasser 6 mm pour un appareil standard. En utilisant un appareil spécial, HANSON et BLEVINS (1979) ont ressuyé, sous 15 bars, de la terre fine avec des cailloux de 35 mm de diamètre.

Les travaux des auteurs précédents donnent des éléments de comparaison entre les deux moyens d'obtenir l'humidité des cailloux correspondant au point de flétrissement de la terre (fig. 57).

Calcul de la capacité de réserve en eau d'un sol caillouteux

Pour une épaisseur donnée E de sol sans caillou, on sait que la capacité de réserve est donnée par l'expression

W (mm) $= M_t \, E \, (C_t - F_t)$, M_t étant la masse volumique apparente de terre fine, C_t la capacité au champ (en % de terre sèche) et F_t le point de flétrissement (en % de terre sèche).

Par exemple, si $M_t = 1,3$ kg · dm^{-3}, $E = 5$ dm, $C_t = 32\,\%$ et $F_t = 15\,\%$, $W = 1,3 \times 5 \times (32 - 15) = 110$ mm.

La présence de cailloux implique d'abord le remplacement de la masse volumique apparente de la terre par la masse volumique apparente partielle de terre fine M_{pt}. Ensuite, on ajoute éventuellement un autre terme représentant la contribution des cailloux qui fait intervenir en plus de E leur masse volumique apparente partielle M_{pc}, leur humidité massique C_c correspondant à la capacité au champ de la terre fine et leur humidité massique F_c correspondant au point de flétrissement de la terre fine, ces deux dernières quantités étant en pour cent de matériau sec.

L'expression complète est alors : $W\ (mm) = E\ [M_{pt}\ (C_t - F_t) + M_{pc}\ (C_c - F_c)]$.

A cause de la dilution (cf. p. 53), les éléments grossiers entrainent une diminution de la capacité de réserve du sol qui est proportionnelle à leur teneur volumique C_v, puisque la masse de terre fine, passe de 1 à $1 - C_v$. Si les éléments sont poreux, leur contribution à la capacité de réserve en eau du sol a un effet opposé à la diminution précédente. Cette contribution dépend en plus de la quantité d'éléments de leurs propriétés et aussi de celles de la terre fine. L'influence des cailloux serait nulle si leur présence revenait simplement à remplacer un volume apparent de terre par un volume identique de cailloux ayant la même humidité volumique. C'est un cas certainement très rare, l'humidité volumique de la terre étant souvent supérieure à celle des cailloux ; leur présence se traduit donc généralement par une diminution de la capacité de réserve du sol. La contribution des éléments grossiers n'en demeure pas moins importante comme le montre le tableau 30 qui donne pour une épaisseur de sol de 35 cm des contributions de cailloux à cette réserve.

Tableau 30 – Contribution des cailloux à la réserve en eau utilisable du sol (mm)
Epaisseur de sol considérée : 3,5 dm. (GRAS et MONNIER, 1962 - GRAS, 1971)

	Teneur massique en cailloux (% de masse totale)	Masse volumique apparente partielle $(kg \cdot dm^{-3})$		Eau utilisable (mm)			Eau utilisable des cailloux (% de l'eau utilisable du sol)
		terre fine	cailloux	terre fine	cailloux	totale	
Sol sablo caillouteux de la Vallée du Rhône, contenant des cailloux de grès. Eau utilisable massique de la terre fine : 10 %, des cailloux : 8 %	23 43 75	1,28 1,00 0,40	0,40 0,74 0,54	44,8 35 14	11,2 20,7 15,1	56 55,7 29,2	20 37,1 51,7
Sol sableux sur schiste, avec des éléments grossiers constitués de schistes altérés. Eau utilisable massique de la terre fine : 9,5 %, des cailloux 4,2 %	–	1,1	1,0	36,5	14,7	51,2	28,6

FLINT et CHILDS (1984) donnent les propriétés hydriques d'un nombre élevé de sols forestiers de l'Oregon correspondant à une vingtaine de séries et formés sur une dizaine de roches différentes. Les teneurs volumiques en fragments de roche varient de 3,5 à 55,7 % avec une moyenne de 25,1 %. La proportion d'eau utile du sol contenue dans ces fragments s'étend de 2,1 à 52,1 %, la moyenne étant de 15,1. La figure 66 donne la répartition des teneurs en cailloux et des proportions d'eau utile contenue dans ceux-ci.

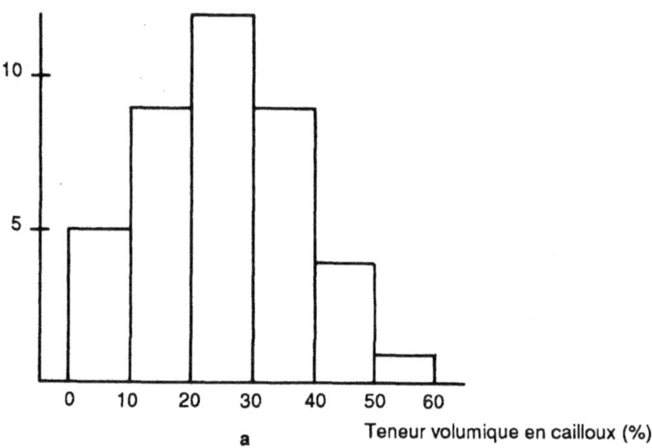

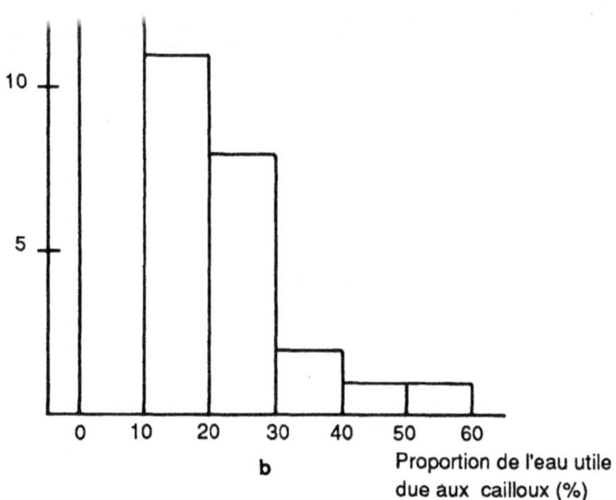

Figure 66 – Courbes de répartition des teneurs volumiques en cailloux (a) et de la proportion de l'eau utile due aux cailloux (b) dans des sols forestiers de l'Orégon. D'après FLINT et CHILDS, (1984).

Conclusion

Les éléments grossiers modifient les propriétés des sols dans de nombreux domaines, les effets correspondant pouvant se cumuler ou être antagonistes. Dans ces conditions, il n'est pas toujours facile, en l'absence de mesures, de prévoir le sens de la résultante des actions des cailloux sur les cultures. Cependant, esquisser une synthèse des effets possibles permet déjà d'éviter les erreurs d'appréciation comme celle qui consisterait à transposer à des plantes pérennes les inconvénients graves affectant les plantes annuelles, ou à ne pas accorder l'importance qui est la leur aux effets indirects, bien qu'ils ne tombent pas sous le sens.

Nous commencerons par rassembler les conséquences possibles de la présence des cailloux dans trois grandes rubriques : la structure de la terre fine, la température du sol et la dynamique de l'eau. Ensuite, on examinera les conséquences des effets précédents sur la production végétale et d'une façon beaucoup plus brève sur les utilisations non agricoles du sol.

Pour présenter les principaux résultats, on distinguera deux situations selon que les éléments grossiers sont poreux ou non.

Lorsque les éléments grossiers ne sont **pas poreux,** leurs propriétés sont invariantes et l'analyse de leurs conséquences est relativement simple. Ils peuvent avoir une action à la surface même du sol et au sein du sol.

La partie de la surface du sol couverte par les pierres est soustraite à la dégradation de la structure par les gouttes d'eau. Les cailloux constituent en outre des zones résistantes sur lesquelles se dissipe une grande partie de l'énergie des gouttes. Il résulte de tout cela, un effet protecteur sur la structure en surface, ce qui entraîne une meilleure infiltration de l'eau, et un ruissellement moindre, d'où une diminution de l'intensité de l'érosion. Lorsque la quantité de cailloux à la surface du sol est appréciable, ceux-ci jouent le rôle d'une couverture diminuant les pertes d'eau par évaporation.

Au sein du sol lui-même, d'autres effets positifs proviennent du fait que les cailloux diminuent le tassement provoqué soit par les contraintes propres au sol résultant du poids des couches susjacentes soit par les contraintes de charge provenant de la présence à la surface du sol de corps lourds immobiles ou mobiles (véhicules). De ce fait, en présence d'éléments grossiers, la structure d'un sol donné est meilleure, ce qui a des conséquences positives qui seront examinées par la suite.

Les cailloux sont dans le sol des inclusions dont les propriétés thermiques sont différentes de celles de la terre fine. Si celle-ci est sèche, la diffusivité généralement plus élevée des roches non poreuses élève la diffusivité du sol en place. Le sol est ainsi rendu plus sensible à l'échauffement diurne (température plus élevée le jour) et au refroidissement nocturne (température plus basse la nuit). Dans le cas où le sol est humide, la présence d'eau dans la terre fine augmente globalement sa diffusivité, ce qui amenuise sa différence avec la diffusivité des cailloux. Selon les valeurs relatives des diffusivités de la terre plus ou moins humide et des éléments grossiers, ceux-ci peuvent ne pas modifier sensiblement la diffusivité du sol en place, l'augmenter ou la réduire dans de faibles proportions, au prorata de la quantité de cailloux.

Les améliorations de la structure du sol évoquées précédemment ont comme conséquence une meilleure perméabilité de la terre fine. Au niveau plus global du sol en place, ceci agit en sens inverse de la réduction de section utile pour l'écoulement, provoquée par la présence des éléments grossiers. Du point de vue de la dynamique de l'eau, sont en présence des effets qui vont dans le même sens, une meilleure pénétration de l'eau par la surface, une perméabilité plus grande de la terre fine et un effet opposé, la réduction de section utile pour l'écoulement dans le sol. Selon les situations la résultante est une augmentation ou une diminution de la quantité d'eau qui pénètre dans le sol.

Une autre conséquence importante, négative celle-là, est la dilution de la terre fine qui diminue les quantité d'éléments nutritifs et d'eau présentes dans une épaisseur donnée de sol en place. A l'opposé, les pertes d'eau par évaporation directe en surface sont réduites du fait de l'infiltration de l'eau sur une plus grande épaisseur du sol et du rôle de couverture joué par les cailloux. De plus, l'humidité de la terre fine à la capacité au champ est plus élevée à cause de la rupture des actions capillaires par le caillou. Il résulte de tout cela un relèvement de l'humidité de la terre fine, ce qui atténue les conséquences néfastes de l'effet de dilution.

Dans le cas où les éléments grossiers sont **poreux,** une partie des effets précédents n'est pas modifiée, à savoir l'amélioration de la structure tant à la surface du sol que dans celui-ci et les conséquences de la dilution de la terre fine. Par contre, la réduction des pertes d'eau par évaporation est moindre et il n'y a pas d'augmentation de l'humidité de la terre fine par rupture des actions capillaires; mais le caillou étant poreux, une partie de sa porosité peut être occupée par un volume d'eau susceptible de varier dans le temps en fonction des conditions atmosphériques, des irrigations et de l'absorption d'eau par les racines. Ces variations d'humidité modifient les conséquences qu'ont les cailloux dans plusieurs domaines. D'une part les propriétés thermiques des cailloux ne sont plus invariantes, puisque l'eau modifie à la fois leur chaleur spécifique et leur conductivité, d'autre part ils peuvent retenir de l'eau et, à ce titre, contribuer aux réserves hydriques du sol.

Avant d'analyser les effets qui viennent d'être évoqués, il faut examiner les modalités des transferts d'eau entre les éléments grossiers et la terre. D'une façon générale, ces transferts ne sont possibles dans les deux sens que lorsque les étendues de variation des largeurs des pores de ces éléments et de la terre fine présentent un certain recouvrement. En partant d'un sol sec en voie d'humectation, dès que des pores de la terre fine d'un diamètre supérieur à ceux des cailloux sont remplis d'eau, ils cèdent leur eau aux pores plus fins des cailloux, qui s'humectent ainsi par l'intermédiaire du sol. Inversement, lors du déssèchement d'un sol humide, les pores de la terre fine se vident, en commençant par les plus larges. Dès que parmi ces pores en voie de vidange, certains ont des diamètres inférieurs à ceux des cailloux, ils exercent une succion sur l'eau de ces derniers qui va de l'élément grossier à la terre. Les quantités d'eau qui peuvent se déplacer ainsi dépendent en grande partie du degré de chevauchement entre les étendues de variation des rayons des pores des éléments grossiers et de la terre fine. Sauf dans des cas particuliers vraisemblablement rares, il y a toujours échange d'eau entre la terre fine et les cailloux, dont l'humidité est donc variable.

Du point de vue thermique, on considère pour l'humidité du sol deux cas extrêmes : la terre fine et les éléments grossiers sont secs ou humides. Lorsque les deux composants du sol sont secs, les diffusivités des deux corps poreux que sont la terre et les cailloux sont peu différentes et c'est leur valeur relative qui détermine le sens d'une modification éventuelle de la diffusivité du sol en place. Si l'ensemble est humide, la terre fine et les cailloux ont aussi des diffusivités vraisemblablement peu différentes et l'effet global sur le sol dépend encore des valeurs relatives de ces deux diffusivités. Comme l'influence de l'humidité sur la conductivité des cailloux n'est pas connue, il n'est pas possible de supputer leurs effets.

Lorsque les pores des éléments grossiers sont étroits, leur influence sur la perméabilité saturée du sol en place est souvent analogue à celle des cailloux non poreux ; en effet ils se remplissent facilement d'eau mais une fois saturés ont une perméabilité souvent bien inférieure à celle de la terre fine. Paradoxalement, les cailloux à pores larges, en principe très perméables, se comportent souvent aussi comme s'ils n'étaient pas poreux, puisque ne pouvant pas s'humecter à partir de l'eau du sol, ils ne sont pas en mesure de transmettre l'eau. Lorsque la perméabilité de la terre fine et celle des cailloux sont analogues, ces derniers modifient peu la perméabilité du sol en place.

Une conséquence importante provient du fait qu'entre une humectation et une dessication, les cailloux poreux retiennent une certaine quantité d'eau qui contribue à la réserve du sol, ce qui a un effet opposé à celui de la dilution de la terre fine. Ce phénomène est général pour les éléments grossiers poreux dont les pores sont suffisamment fins pour s'humecter à partir de l'eau de la terre fine.

Nous allons rassembler maintenant les conséquences possibles des cailloux sur les cultures, conséquences qui sont présentées de façon synoptique dans les figures 67 et 68.

Figure 67 – Conséquences des cailloux non poreux sur les cultures.

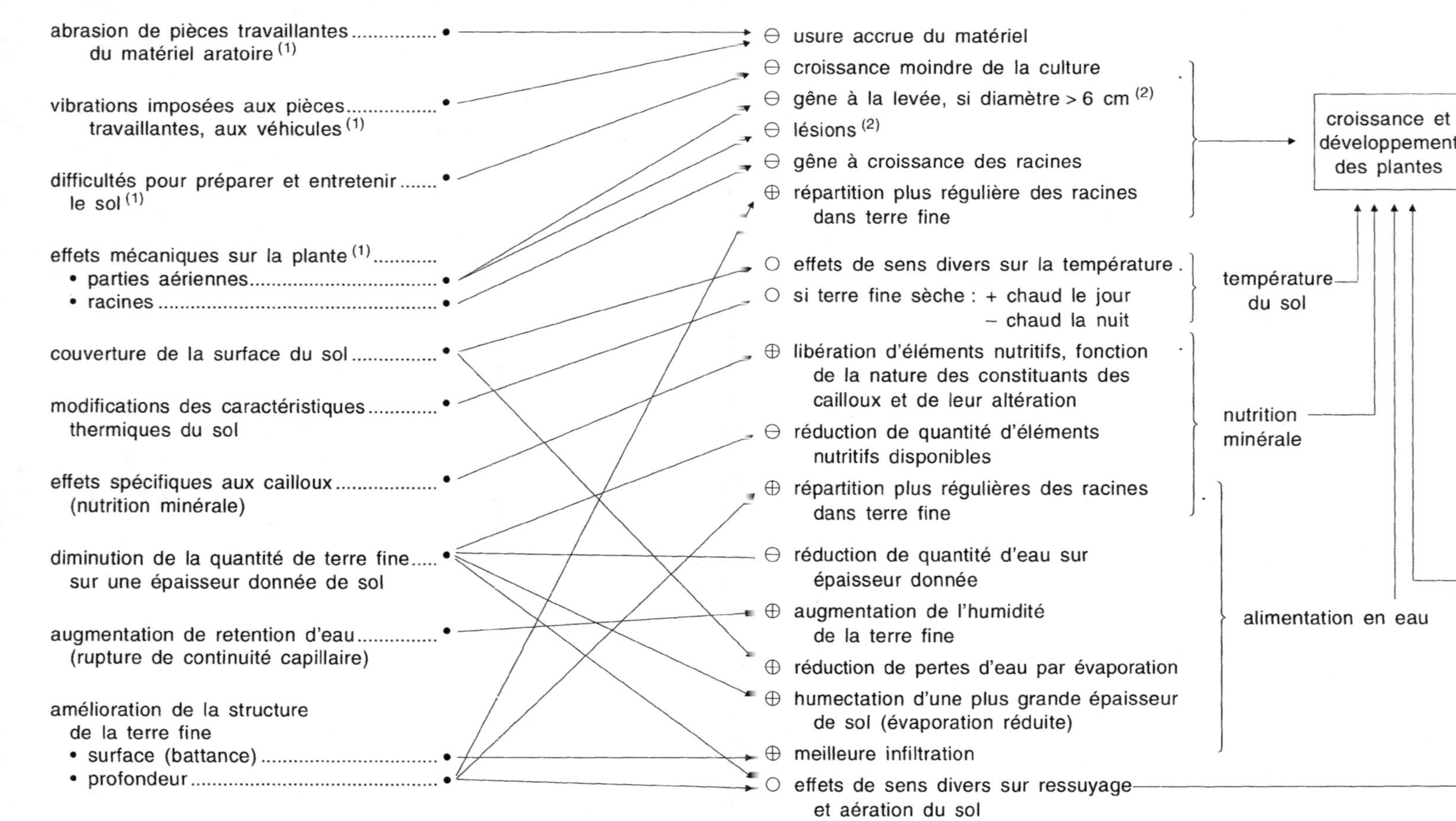

1. Effets identiques pour les caillous poreux et non poreux. – 2. Important pour plantes annuelles seulement.

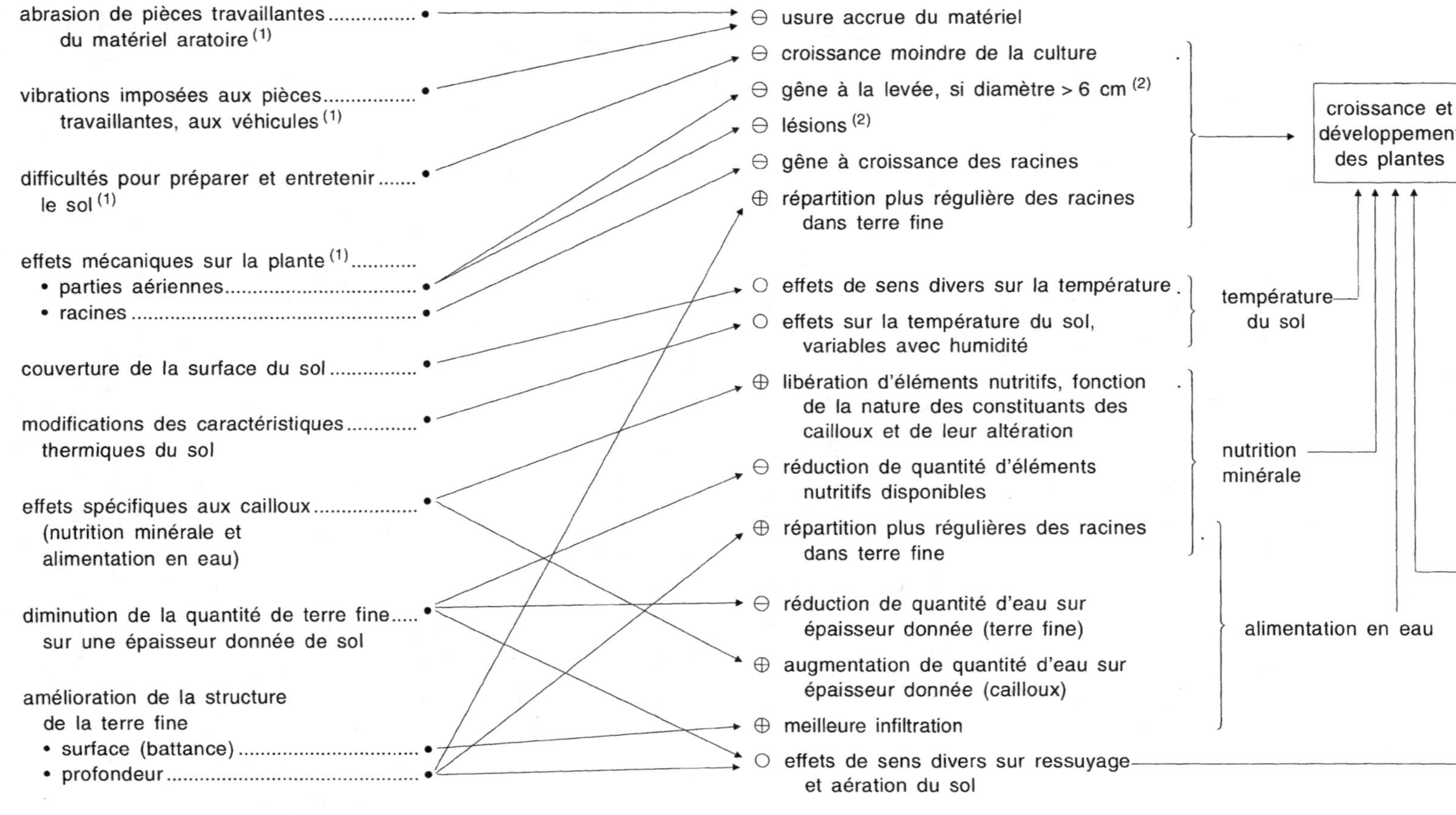

Figure 68 – **Conséquences des cailloux poreux sur les cultures.**

1. Effets identiques pour les caillous poreux et non poreux. – 2. Important pour plantes annuelles seulement.

Pour la plante elle-même les éléments grossiers sont à l'origine de difficultés de germination, en rendant plus imprécise la localisation de la graine. Ils peuvent ensuite provoquer la mort des plantules qui, se trouvant sous une pierre, ne peuvent parvenir à l'air libre.

Les cailloux peuvent occasionner à la plante des lésions lors de l'entretien du sol ou de la circulation des véhicules. Ces conséquences, graves pour les plantes annuelles, le sont moins pour les plantes pérennes de petite taille (espèces prairiales), une fois qu'elles sont installées. Pour les plantes pérennes de plus grande taille, les inconvénients précédents sont négligeables. Pour ces raisons et aussi pour les difficultés de récolte des parties souterraines (impossibilité de séparer par criblage les tubercules des pierres par exemple), l'épierrage des sols est une nécessité pour cultiver certaines plantes annuelles. Mais il faut garder présent à l'esprit que les effets positifs indirects des cailloux sur l'érosion, le tassement, etc. disparaissent aussi et il faut en tenir compte dans la façon de cultiver et de gérer le sol.

Un effet négatif est la dilution de la terre fine par les cailloux qui diminue généralement la quantité d'éléments nutritifs par unité de volume de sol en place. Des exceptions existent lorsque les pierres contiennent des éléments nutritifs utilisables par la plante à la suite d'une altération de minéraux d'origine soit climatique, soit biologique par l'intermédiaire des racines qui absorbent directement ces éléments. La conséquence négative de la dilution sur l'économie de l'eau sera développée ultérieurement.

Le tassement moindre de la terre en présence de pierres favorise une répartition des racines plus régulière et plus profonde, ce qui améliore la façon dont la terre est exploitée par le système racinaire. Ceci a des conséquences positives tant sur la nutrition minérale que sur la quantité d'eau effectivement disponible pour les racines.

Lorsque la terre fine n'est pas très humide, les cailloux non poreux rendent le sol plus sensible aux variations de température. Il en résulte une plus grande précocité de la production végétale mais aussi dans des conditions extrêmes une élevation de la température du sol au-dessus de l'optimum de fonctionnement des racines. Les conséquences sur les propriétés thermiques du sol sont atténuées si la terre est très humide. Si les éléments grossiers sont poreux, leurs propriétés thermiques se rapprochent de celles de la terre fine et ils modifient relativement peu le régime de température du sol en place dans un sens ou dans un autre. Ceci est valable, que l'ensemble terre fine cailloux soit sec ou humide. Dans tous les cas, ces effets ne seront appréciables que si la quantité de cailloux est importante.

La présence d'éléments grossiers modifie l'alimentation en eau de la plante de différentes façons. Ces éléments poreux ou non, favorisent la reconstitution des réserves en eau du sol, en améliorant l'infiltration dans la terre fine et en permettent leur utilisation plus complète, le sol étant plus régulièrement exploité par les racines. Avec des cailloux non poreux d'autres aspects positifs proviennent de la limitation des pertes par évaporation directe et d'une augmentation de l'humidité de terre fine. Mais la dilution de la terre fine a un effet négatif important en réduisant d'une façon proportionnelle au volume de pierres, la quantité d'eau susceptible d'être retenue par une épaisseur donnée de sol. Du fait de la diminution de la capacité de réserve du sol, les doses d'apport d'eau devront être réduites et leur fréquence augmentée. Si les cailloux sont poreux, les économies d'eau par réduction de l'évaporation sont peu importantes et l'humidité de la terre fine est inchangée. Mais comme ces cailloux s'humectent généralement par l'intermédiaire du sol, auquel ils rétrocèdent cette humidité lorsqu'ils se dessèchent, ils contribuent à la capacité de réserve en eau du sol, ce qui a une action opposée à celle de la dilution de la terre fine. Les cailloux poreux jouent ce rôle chaque fois que les gammes de variation des diamètres équivalents de leurs pores et de ceux la terre fine se superposent au moins partiellement, ce qui est fréquent. A cet égard, les cailloux à pores étroits présentent plus d'intérêt que ceux qui ont des pores larges, ceux-ci ne pouvant généralement pas retirer de l'eau à la terre. Dans le mécanisme précédent, la terre fine joue le rôle d'intermédiaire entre les cailloux et les racines pour la fourniture d'eau aux plantes. Mais les racines peuvent extraire directement de l'eau des éléments grossiers, lorsqu'elles développent un chevelu autour de ceux-ci.

Les éléments grossiers interviennent également en dehors du domaine de la production végétale. Dans les secteurs de la conservation des sols ou de la pérennité des ouvrages en terre (remblais, barrages), les éléments grossiers réduisent les pertes de terre par érosion hydrique, en grande partie en limitant le ruissellement mais rendent difficile le compactage des sols pour la confection de ces ouvrages. Enfin, utiliser un sol caillouteux comme système épurateur implique de réduire les doses d'eaux usées, lorsque les cailloux ne sont pas poreux. Si non, on court le risque de faire traverser le profil à une partie de l'effluent avant qu'il ne soit épuré. Ceci implique pour épurer une quantité donnée d'eau usée, d'augmenter les surfaces nécessaires, en fonction de la teneur en cailloux du sol.

Bibliographie

ASHBY W.C., W.G. VOGEL, C.A. KOLAR et G.R. PHILO, 1984. Productivity of stony soils on strip mines. In *Erosion and productivity of soils containing rock fragment.* SSSA Special publication, n° 13, 31-44.

BARBIER G., 1968. Interaction des engrais et des sols. Handbuch der Pflanzenernährung.

BERGER E., 1976. Partitioning the parameters of stony soils important in moisture determination into their constituents. *Plant soil*, 44, 201-207.

BLAKE G.R., 1965. Bulk density (374, 392). In Methods of soil analysis. *Am. Soc. of Agronomy.*

BOUGLER J., J.P. DEFFONTAINES et R. GRAS, 1965. Recherches sur les potentialités agricoles en moyen Vivarais. Chambre d'Agriculture de l'Ardèche.

BOUMA J., A. JONGERIUS, O. BOERSMA, A. JAGER, D. SCHOONDERBEEK, 1977. The function of different types of macropores during saturated flow through four swelling horizons. *Soil Sci. Soc. Am. J.*, 41, 945-950.

BOURRIER J., 1959. Problèmes posés par la présence des cailloux dans les sols irrigués. Ministère de l'Agriculture. Direction générale du Génie rural et de l'Hydraulique agricole. Imprimerie nationale Paris.

BOX J.E. Jr, 1981. The effect of surface slaty fragments on soil erosion by water. *Soil Sci. Soc. Am. J.*, 45, 111-116.

BOX J.E. Jr et L.D. MEYER, 1984. Adjustment of the Universal Soil Loss Equation for cropland soils containing coarse fragments. In *Erosion and productivity of soils containing coarse fragments.* SSSA Special publication n° 13, 83-90.

BORNER R., 1952. Welcher Stein ist das ? Franck'sche Verlagshandlung. Stuttgart.

CAMPBELL G.S., 1985. *Soil physics with BASIC.* Elsevier Science publ., Amsterdam.

CAPPER P.L. et W.F. CASSIE, 1953. The mechanics of engineering soils. Mc Graw Hill book company. p. 51.

CARLSLAW H.S. et J.C. JAEGER, 1959. Conduction of heat in solids. Oxford University press.

C.N.R.S., 1983. Code pour le relevé méthodique de la végétation et du milieu.

Centre Scientifique et Technique du Bâtiment (1977). Règles de calcul des caractéristiques thermiques utiles de parois de construction. Règle T4 K 77.

COILE T.S., 1953. Moisture content of small stones in soils. *Soil Sci.*, 75, 203-207.

COLLIS GEORGE, S. HENIN et J.A. KELLY, 1963. Etude des mécanismes de la dessication des sols par évaporation. *C.r. Acad. Sci.*, 273, 242-244.

CUNNINGHAM R.L. et R.P. MATELSKI, 1968. Bulk density measurements on certain soils high in coarse fragments. *Soil Sci. Soc. Amer. Proc.*, 32, 109-111.

DAVIS S.N., 1969. Porosity and permeability of natural materials (53-89). In De WIEST J.M. *Flow through porous media.* Academic Press.

DEFFONTAINES J.P. et R. GRAS, 1968. Les facteurs techniques de la production de la pêche tardive en moyen Vivarais. *Ann. agron.*, 19, 5-51.

DUNN A.J. et G.R. MEHUYS, 1984. Relationship between gravel content of soils and saturated hydraulic conductivity in laboratory tests. In *Erosion and Productivity of soils containing rock fragments*. SSSA Special publication 13, n° 55,63.

EAGLEMAN J.R. et V.C. JAMISON, 1962. Soil layering and compaction effect on unsaturated moisture movement. *Soil Sci. Soc. Am. Proc.*, 28, 519-522.

EDWARDS W.M., P.F. GERMANN, L.B. OWEN et C.R. AMERMAN, 1984. Watershed studies of factor influencing infiltration, runoff and erosion on stony and non stony soils. In *Erosion and Productivity of soils containing rock fragments*. SSSA Special publication n° 13, 45-54.

EPSTEIN E. et W.J. GRANT, 1966. Rock and crop management effects on runoff and erosion in a potato producing area. *Trans. Am. Soc. Agric. Eng.* 9, 832-833.

EPSTEIN E., W.J. GRANT et R.A. STRUCHTEMEYER, 1966. Effect of stones on runoff, erosion and soil moisture. *Soil Sci. Soc. Amer. Proc.*, 30, 638-640.

FABRY Ch., 1942. *Propagation de la chaleur*. Collection Armand Colin.

FEODOROFF A., 1956. Etude experimentale de l'infiltration de l'eau non saturante. Cas d'un sol initialement sec et d'un arrosage sans formation de plan d'eau en surface. Thèse, Paris.

FLINT A.L. et S.W. CHILDS, 1984a. Physical properties of rock fragments and their effect on available water in skeletal soils (91-103). In *Erosion and productivity of soils containing rock fragments*. SSSA Special publication, n° 13.

FLINT A.L. et S.W. CHILDS, 1984b. Development and calibration of an irregular hole density sampler. *Soil Sci. Soc. Am. J.*, 48, 374-378.

FLINT A.L. et S.W. CHILDS, 1987. Field procedure for estimating soil thermal environment. Soil *Sci. Soc. Am. J.*, 51, 1326-1331.

FOLK L., 1951. A comparaison chart for visual percentage estimation. *J. sediment. petrology*, 21, 32-33.

GHUMAN B.S. et R. LAL, 1985. Thermal conductivity, thermal diffusivity and thermal capacity of some nigerian soils. *Soil Sci.*, 139, 74-80.

GRANT W.J. et R.A. STRUCHTEMEYER, 1959. Influence of the coarse fraction in two Maine potato soils on infiltration run off and erosion. *Soil Sci. Soc. Amer. Proc.*, 23, 391-394.

GRAS R., 1962. Quelques observations sur les relations entre les propriétés physiques du sol et la croissance du pêcher dans la Vallée du Rhône entre Vienne et Valence. *Ann. agron.* 13, 141-174.

GRAS R., 1965. La détermination expérimentale des diverses catégories de porosité. *C.r. Acad. Sci.*, 260, 1704-1706.

GRAS R., 1971. *Effets des éléments grossiers sur la dynamique de l'eau dans un sol sableux*. Thèse Université Louis Pasteur, Strasbourg.

GRAS R., 1981. Influence de l'épaisseur des massifs poreux sur la rétention d'eau. Capacités en bac. *Sci. Sol*, n° 3, 171-186.

GRAS R. et G. MONNIER, 1962. Contribution des cailloux à la capacité de réserve en eau du sol. *C.r. Acad. Sci.*, 254, 3422-3424.

GRAS R. et G. MONNIER, 1963. Contribution de certains éléments grossiers du sol à l'alimentation en eau des végétaux. *Sci. Sol*, 1, 13-20.

HALL A.D., 1947. The soil, nouvelle édition par G.W. ROBINSON. John Murray, Londres. p. 128.

Handbook of chemistry and physics. Thermal conductivity of rocks. CPC Press.

HANSON C.T. et R.L. BLEVINS, 1979. Soil water in coarse fragments. *Soil Sci. Soc. Am. J.*, 43, 819-820.

HENIN S. et M. DUPUIS, 1945. Essai de bilan de la matière organique du sol. *Ann. agron.*, 15, 17-29.

HENIN S., R. GRAS. et G. MONNIER, 1969. *Le profil cultural*. Masson.

HIDLEBAUGH A.R., 1984. Use of soil survey information to determine extent and effect of rock fragments on productivity. In *Erosion and productivity of soils containing rock fragments*. SSSA Special publication, n° 13, 7-12.

HINSINGER Ph., J.E. DUFEY et B. JAILLARD, 1991. Biological weathering of micas in the rhizosphère as related to potassium absorption by plant roots. In Mc MICHAEL et H. PERSON, *Plant roots and their environment*. Elsevier.

HUBERTY M.R., 1944. Compaction in cultivated soils. *Trans. am. Geophys. Union.*, 25, 869-899.

JOHNSON C.N., 1937. « Heat conductivity of soil governs heat losses from heated oil line ». Petroleum Eng. 9 (41,48). In SHAW (1952). Soil physical conditions and plant growth. *Am. soc. of Agronomy*.

KERSTEN M.S., 1949. Thermal properties of soils. Bull. Univ. of Minnesota. Instfl. of Techn. Engg. Exp. Stat., Bull. 28.

LAMB J. et J.E. CHAPMAN, 1943. Effect of surface stones on erosion, evaporation, soil temperature, and soil moisture. *J. amer. Soc. Agron.*, 35, 567-578.

LARSEN J.A., 1930. Forest types of the northern Rocky mountains and their climatic control. *Ecology* 11, 631-672.

LUTZ J.F., 1952. Mechanical impedance and plant growth. In B.T. SHAW. *Soil physical conditions and plant growth*. Academic Press.

LUTZ H.J. et R.F. CHANDLER, 1966. *Forest soils*. John Wiley, New York.

LYFORD W.H., 1964. Coarse fragments in the Gloucester soils of the Harward forest. Harward forest paper n° 9.

Mc CORMACK D.E., K.K. YOUNG and G.M. DARBY, 1984. Rock fragments and the K factor of the Universal soil loss equation. In *Erosion and productivity of soils containing rock fragments*. SSSA Special publication n° 13.

MAGDUF P., R. GARTI et J. WILEY, 1971. Guidelines for soil reclamation. Ministry of Agric. Israël. Soil conservation and Drainage Dv. Rep. 30.

MAGIER J. et I. RAVINA, 1984. Rock fragments and soil depth as factors in land evaluation of terra rossa. *In Erosion and productivity of soils containing rock fragments*. SSSA Special publication number 13.

MEHUYS G.R., L.H. STOLZY, J. LETEY et L.V. WEEKS, 1975. Effects of stones on the hydraulic conductivity of relatively dry desert soils. *Soil Sci. Soc. Am. Proc.*, 39, 37-42.

MILLER D.E. et W.C. BUNGER, 1963. Moisture retention by soil with coarse layers in the profiles. *Soil Sci. Soc. Am. Proc.*, 27, 586-589.

MOREL-SEYTOUX H.J., 1969. Introduction of flow of immiscible liquids in porous media (456-516). In De WIEST J.M. *Flow through porous media*. Academic press.

NIELSEN G.A., R.L. CUNNINGHAM, P.P. PARLOCK et D.R. SEIBERT, 1980. Corn on strip-mined area land can equal other soil yields. *Sci. Agric.*, 27 (2), 12-13.

PATTEN S., 1909. in LUTZ J.F., 1952. Mechanical impedance and plant growth. In B.T. SHAW *Soil physical conditions and plant growth*. Academic Press.

PEARSON G.A. et R.E. MARSCH, 1935. Timber growing and logging pratices in the Southwest and the Black Hill Region. USDA Tech. Bull., n° 480.

PECK A.J. et S.D. WATSON, 1979. *Hydraulic conductivity and flow in uniform soil*. Unpublished paper, presented at the workshop on Soil Physics and field heterogeneity. Camberra, Australia.

PHILO G.R., C.A. KOLAR et W.C. ASHBY, 1982. Effects of ripping on minesoil compaction and black walnut establishment. (551-557). In *Proc. 1982 Symposium of surface mining hydrology, sedimentology and reclamation*. Univ. of Kentucky. Lexington.

PUECH J., 1966. Modalités de la dessication des sols par le gel de silice. *C.r. Acad. Sci.*, 263, 645-668.

PUECH J., 1969. Etude expérimentale de la circulation de l'eau non saturante de différents sols vers une zone d'absorption. *Ann. agron.*, 20, 245-261.

RAVINA I. et J. MAGIER, 1984. Hydraulic conductivity and water retention of clay soils containing coarse fragments. *Soil Sci. Soc. Am. J.*, 48, 736-740.

REINHART K.G., 1961. The problem of stones in soil moisture measurement. *Soil Sci. Soc. Am. Proc.*, 25, 263-270.

RICHARD L.A., 1950. Laws of soil moisture. *Trans. amer. Geophys. Union*, 31, 750-756.

RIHA S.J., K.J. Mc INNES, S.W. CHILDS et G.S. CAMPBELL, 1980. A finite element calculation for determining thermal conductivity. *Soil Sci. Soc. Am. J.*, 44, 1323-1325.

ROSE C.W., 1966. *Agricultural physics*, Pergamon press.

ROUSSELLE V., 1913. Le mouvement de nitrates dans le sol et ses conséquences relatives à l'emploi de nitrate de soude. *Annale de la Science agronomique*, 4e série, 97-115.

ROWE P.B. et E.A. COLMAN, 1951. Disposition of rainfall in two mountain areas of California. *USDA Tech. Bull.*, 1048, 84 p.

RUSSO D., 1983. Leaching characteristics of a stony desert soil. *Soil Sci. Soc. Am. J.*, 47, 431-437.

SAINI G.R., 1970. Further studies on the effect of stones on potato yields. *American potato J.*, 47, 227-228.

SAINI G.R. et A.A. Mac LEAN, 1967. The effect of stones on potato yield, soil temperature and moisture. *American Potato J.*, 44, 209-213.

SAINI G.R. et W.J. GRANT, 1980. Long term effects of intensive cultivation on soil quality in the potato-growing area of New Brunswick (Canada) and Maine (USA). *Can J. Soil Sci.*, 60, 421-428.

SCHEIDEGGER A.E., 1974. *The physics of flow through porous media.* University of Toronto press.

SEGINER I., J. MORIN et A. SHACHORI, 1962. Runoff and erosion studies in a moutainous terra rossa region in Israël. *Bull. int. Ass. Sci. Hydrology*, 7, 79-92.

SHIPP R.F. et R.J. MATELSKI, 1965. Bulk density and coarse fragments determination on some Pensylvania soils. *Soil Sci.*, 99, 392-397.

SIMANTON J.R., E. RAWITZ et E.D. SHIRLEY, 1984. Effects of rock fragments on erosion of semiarid Rangeland soils. In *Erosion and productivity of soils containing rock fragments*. SSSA Special publication n° 13, 65-72.

SMITH R.M., A.A. SOBEK, T. ARKLE, J.C. SENCINDIVER et J.R. FREEMAN, 1976. Extensive overburden potentials for soil and water quality. EPA – 600/2. 76-184. U.S. EPA Cincinnati Ohio.

Soil Survey Staff, 1981. Soil survey manual. USDA Soil Conserv. Serv. Ch 4.

STEWART J.W., 1964. Infiltration and permeability of weathered cristalline rocks. Georgia Nuclear Laboratory. Dawson County Georgia, U.S. Geol. Surv. Bull. 1133D.

TUKEY R.B. et E.L. SCHOFF, 1963. Influence of different mulching materials upon soil environment. *Proc. am. Soc. hort. Sci.*, 82, 68-82.

TURK L.M. et N.L. PARTRIDGE, 1947. Effect of various mulching materials on orchard soils. *Soil Sci.*, 64, 111-125.

VAN WIJK W.R. et W.J. DERKSEN, 1963. Sinusoidal temperature variation in a layered soil. In VAN WIJK W.R. Physics of plant environment. North Holland publishing Co.

VAN WIJK W.R. et J.A. De VRIES, 1963. Periodic temperature variations in a homogeneous soil. In VAN WIJK W.R. Physics of plant environment, North Holland publishing Co.

VOGEL W.C. et D. VAN LEAR, manuscrit non publié, cité par ASHBY *et al.*, 1984. Productivity of stony soils on strip mines. In *Erosion and productivity of soils containing rock fragments*. SSSA Special publication, n° 13.

de VRIES D.A., 1963. Thermal properties of soils. In VAN WIJK W.R. Physics of plant environment. North Holland publishing Co.

WEEKS L.V. et S.J. RICHARDS, 1967. Soil water properties computed from transient flow data. *Soil Sci. Soc. Amer. Proc.*, 31, 721-725.

Glossaire

Capacité au champ : humidité restant dans un sol en place préalablement saturé, une fois l'excès d'eau réssuyé par gravité. La capacité au champ est atteinte 48 heures environ après des pluies abondantes ayant saturé le sol. S'exprime comme toutes les humidités sous forme massique (masse d'eau / masse de terre sèche) ou volumique (volume d'eau / volume apparent de sol).

Capacité de réserve en eau du sol : quantité d'eau utilisable par la plante, susceptible d'être mise en réserve dans un sol préalablement amené à la capacité au champ. Pour un prisme de sol sans cailloux, de section horizontale unité, ayant pour hauteur l'épaisseur exploitée par les racines, le calcul de la capacité de réserve fait intervenir en plus de l'épaisseur de sol la différence entre la capacité au champ et le point de flétrissement et la masse volumique apparente de la terre fine. La capacité de réserve est généralement exprimée en épaisseur (mm) de la lame d'eau que l'on obtiendrait en transférant sur la section unité du prisme le volume d'eau que l'on vient de calculer.

Capacité calorifique d'une masse donnée de matériau : quantité de chaleur nécessaire pour élever de $1\,^{\circ}\text{C}$ la température d'une masse donnée de matériau.

Chaleur spécifique (ou chaleur massique) : quantité de chaleur nécessaire pour élever de $1\,^{\circ}\text{C}$ la température de l'unité de masse de matériau.

Chaleur spécifique volumique : quantité de chaleur nécessaire pour élever de $1\,^{\circ}\text{C}$ la température de l'unité de volume de matériau. Pour un matériau poreux, on considère l'unité de volume apparent.

Charge hydraulique : en un point, potentiel total de l'eau exprimé par unité de poids, les conditions étant saturantes. C'est la somme de la cote par rapport à un plan de référence du point considéré et de la hauteur de la colonne d'eau exerçant la pression hydrostatique existant en ce point.

Coefficient de détermination : concernant l'intensité de la liaison entre deux grandeurs x_1 et x_2, il définit la précision avec laquelle on peut prévoir x_1 à partir de x_2. Ce coefficient varie entre 0 et 1, la valeur 0 correspondant à l'impossibilité de prévoir x_1 et la valeur 1 à une prévision sans erreur.

Coefficient de perméabilité (ou conductivité hydraulique à saturation) : caractérise la capacité d'écoulement de l'eau dans un corps poreux saturé. Coefficient de proportionnalité entre le débit d'eau et le gradient du potentiel total de l'eau à l'origine de ce débit.

Coefficient de perméabilité en conditions non saturantes : donne la capacité d'écoulement de l'eau dans un corps poreux non saturé ayant une humidité donnée. C'est le coefficient de proportionnalité entre le débit d'eau et le gradient du potentiel total ; ce coefficient croît avec le taux de saturation.

Conditions saturantes : elles existent dans un corps poreux saturé, c'est-à-dire dont tous les pores sont pleins d'eau. De telles conditons sont dans le sol d'une durée relativement brève.

Conditions non saturantes : elles existent dans un corps poreux non saturé, c'est-à-dire dont une partie seulement des pores est occupée par l'eau. Ces conditions prévalent dans le sol pendant une grande partie du temps.

Conductivité thermique : grandeur caractérisant la capacité d'une substance à transmettre la chaleur. Coefficient de proportionnalité entre le flux de chaleur et le gradient de température.

Courbe cumulative des rayons (équivalents) des pores : donne le volume de l'espace poral représenté par les pores dont les rayons sont inférieurs à un rayon donné. Le volume de l'espace poral est en ordonnée et le rayon équivalent en abscisse.

Courbe de répartition des rayons (équivalents) des pores d'un milieu poreux : courbe indiquant comment le volume des pores d'un matériau se répartit entre les pores de diverses largeurs caractérisés par leur rayon équivalent. L'aire comprise entre cette courbe et les verticales élevées de 2 points d'abscisse r_1 et r_2 est proportionnelle au volume des pores dont le rayon est compris entre r_1 et r_2.

Diffusivité : quotient de la conductivité thermique d'un matériau par sa chaleur spécifique volumique. Détermine la facilité avec laquelle ce matériau se réchauffe ou se refroidit.

Ecart-type : indice statistique proportionnel à la variabilité d'une mesure.

Gradient : le gradient d'une variable entre 2 points est le quotient de la différence des valeurs de cette variable en ces 2 points par la distance entre ceux-ci.

Le **gradient de potentiel total de l'eau** est la différence de potentiel de l'eau entre deux points divisée par la distance entre ces points. Le débit d'écoulement dans un corps poreux dépend du gradient de potentiel total de l'eau, celui-ci étant la somme des gradients des potentiels composants.

Le **gradient de température** entre deux points est le quotient de la différence de température entre ces deux points par leur distance. Le gradient de température est à l'origine de la transmission de la chaleur.

Humidité massique : quotient de la masse d'eau contenue dans un matériau poreux par la masse de matériau sec (humidité rapportée au matériau sec) ou par la masse de l'ensemble matériau eau (humidité rapportée au matériau humide).

Humidité volumique : quotient du volume (ou de la masse) d'eau présent dans un matériau poreux par le volume apparent de ce matériau.

Masse volumique : pour un matériau non poreux, masse de l'unité de volume de matériau sec.

Masse volumique apparente d'un corps poreux : masse de l'unité de volume apparent (ou total) d'un corps poreux.

Masse volumique apparente de la terre fine : masse de l'unité de volume apparent de terre fine sèche. Concerne tout le sol, s'il n'est pas caillouteux et dans les autres cas seulement la terre fine de celui-ci.

Masse volumique apparente partielle de cailloux : masse de cailloux secs présente dans l'unité de volume apparent d'un sol en place.

Masse volumique apparente partielle de terre fine : masse de terre fine sèche existant dans l'unité de volume apparent d'un sol en place.

Masse volumique pseudo réelle : masse de l'unité de volume pseudoréel, volume de la partie solide augmenté du volume des pores fermés. Intervient dans le calcul de la porosité fermée (sans communication avec l'extérieur).

Masse volumique réelle d'un corps poreux : quotient de la masse de matériau par son volume réel (volume occupé par la seule partie solide). Se définit pour la terre fine et pour les cailloux.

Point de flétrissement : humidité du sol en deçà de laquelle les plantes ne peuvent plus en extraire de l'eau, celle-ci étant trop fortement retenue.

Porosité à l'air : dans un sol humide mais non saturé, volume d'air présent dans l'unité de volume apparent ou total du sol.

Porosité ouverte : volume des pores ouverts (communiquant avec l'extérieur) dans l'unité de volume apparent d'un matériau.

Porosité totale P : volume des pores (ouverts et/ou fermés) existant dans l'unité de volume apparent de matériau. Se calcule par P(% de volume apparent) =

$$100 \, \frac{\text{volume apparent} - \text{volume réel}}{\text{volume apparent}}$$

ou

P(% de volume apparent) = $100 \, (1 - d_a/d_r)$, avec d_a : masse volumique apparente et d_r : masse volumique réelle.

Potentiel (ou énergie potentielle spécifique de l'eau) : énergie potentielle de l'unité de quantité d'eau, cette unité étant celle de la masse (expression massique), celle du poids (expression pondérale) ou celle du volume (expression volumique). Il existe plusieurs potentiels, chacun d'eux étant associé à une nature particulière de forces. Le potentiel **gravitationnel** provient de l'action de la pesanteur, le potentiel de **submersion** découle de la pression hydrostatique à laquelle est soumise l'eau. Le potentiel **matriciel** est dû aux interactions entre l'eau et la matière solide constituant le sol et notamment à la succion qu'exercent les pores d'un sol non saturé sur l'eau.

Potentiel total de l'eau : c'est la somme des potentiels (gravitationnel, de submersion...) existant dans des conditions déterminées.

Si les pores du matériau sont pleins d'eau (conditions saturantes), le potentiel total est la somme du potentiel gravitationnel et du potentiel de submersion. Lorsque l'eau n'occupe qu'une partie des pores du sol (conditions non saturantes), seuls interviennent le potentiel gravitationnel et le potentiel matriciel.

Rayon (équivalent) d'un pore : rayon que l'on attribue par convention à un pore réel ayant le même comportement qu'un pore cylindrique du point de vue de la succion exercée sur l'eau. Plus précisément, le rayon équivalent d'un pore réel est le rayon d'un pore cylindrique se comportant de la même façon que le pore réel lors du ressuyage d'un milieu poreux initialement saturé d'eau ou lors de l'injection de mercure.

Régime permanent de transmission de la chaleur et d'écoulement de l'eau : correspond à un flux de chaleur ou à un débit d'eau constants et donc indépendants du temps.

Régression linéaire : dans un diagramme rectangulaire, les points représentatifs d'une quantité x_1 en fonction d'une quantité x_2 liée à x_1 forment un nuage de points. Le calcul de régression consiste à établir par voie statistique une courbe moyenne représentant la variation de x_1 en fonction de x_2. Dans le cas de la régression linéaire cette courbe est une droite.

Résistance hydraulique : pour un élément de volume de section constante s, de hauteur l et de perméabilité K, dans lequel l'eau s'écoule normalement à s, c'est l'expression l/ Ks. Caractérise la résistance offerte par cet élément à l'écoulement de l'eau sous l'influence d'une différence de charge hydraulique.

Résistance thermique : pour un élément de volume de section s, de longueur l et de conductivité thermique k, dans lequel la chaleur se déplace normalement à s, c'est l'expression l/ks. Spécifie la résistance offerte par cet élément à la transmission de la chaleur sous l'influence d'une différence de température.

Seuil de signification : donne la probabilité pour que la différence constatée entre 2 traitements d'un essai avec répétitions ou la liaison entre 2 paramètres d'une série statistique soit dûe au seul hasard. Par exemple une différence significative au seuil 1 % indique qu'il y a seulement une chance sur 100 pour que cette différence soit le fait du hasard ; il est donc hautement probable qu'elle soit réelle.

Structure de la terre : la microstructure est l'arrangement des particules (argile, sables) constituant le sol, tandis que la macrostructure est la façon dont les agrégats et mottes ainsi constitués s'agencent entre eux. Le caractère meuble de la terre, son aération et sa rétention d'eau dépendent de ces deux aspects de la structure.

Taux de saturation : volume d'eau contenu dans un corps poreux rapporté au volume de ses pores ou à son humidité à saturation.

Teneur massique en cailloux : quotient de la masse de cailloux par la masse du sol (ensemble terre fine cailloux).

Teneur volumique en cailloux : quotient du volume de cailloux par le volume apparent du sol (ensemble terre fine cailloux).

Terre fine : pour un sol caillouteux, fraction du sol traversant un tamis de 2 mm à trous ronds, une fois les agrégats de terre réduits en fragments inférieurs à 2 mm.

Variabilité affectant une mesure : caractérisation globale des différences entre les répétitions de la mesure d'une grandeur, la mesure étant d'autant plus précise que la variabilité est plus faible.

Volume apparent (ou total) d'un matériau poreux : somme du volume de la phase solide et du volume des pores ouverts et/ou fermés. Intervient dans la définition de la masse volumique apparente.

Volume pseudo réel d'un matériau poreux : somme du volume de la partie solide du matériau et du volume des pores fermés. Intervient dans la définition de la masse volumique pseudo réelle.

Volume réel d'un matériau poreux : volume de la partie solide de ce matériau ou volume total diminué du volume des pores, que ceux-ci communiquent ou non avec l'extérieur. Utilisé pour définir la masse volumique réelle.

Fichier préparé par Nicolas Perrier, société 4P
Imprimé pour vous par Libri Plureos GmbH (Allemagne)